Frank Wirbeleit
Prozessoptimierung

Frank Wirbeleit

Prozess-
optimierung

——

Einführung in die Statistische Datenanalyse
und Versuchsplanung

DE GRUYTER
OLDENBOURG

Lektorat: Dr. Gerhard Pappert
Herstellung: Tina Bonertz
Grafik: Baumann, DG

Bibliografische Information der Deutschen Nationalbibliothek
Die Deutsche Nationalbibliothek verzeichnet diese Publikation in der Deutschen Nationalbiblio-
grafie; detaillierte bibliografische Daten sind im Internet über http://dnb.dnb.de abrufbar.

Library of Congress Cataloging-in-Publication Data
A CIP catalog record for this book has been applied for at the Library of Congress.

© 2014 Oldenbourg Wissenschaftsverlag GmbH
Rosenheimer Straße 143, 81671 München, Deutschland
www.degruyter.com/oldenbourg
Ein Unternehmen von De Gruyter

Druck und Bindung: CPI buch bücher.de GmbH, Birkach

Gedruckt in Deutschland
Dieses Papier ist alterungsbeständig nach DIN/ISO 9706.

ISBN   978-3-11-034262-8
eISBN 978-3-11-034261-1

I wish to thank you very much Heike P.

Vorwort

Wann immer Sie mit Messergebnissen (Daten) in Berührung kommen, werden Fragen diskutiert, wie signifikant diese Daten sind und wie man diese Daten geeignet darstellen und beschreiben kann. Darüber hinaus werden Überlegungen angestellt, wie stark Zusammenhänge zwischen den Daten sind und wie Versuche geplant und ausgewertet werden können, um Vorgänge geeignet zu modellieren und in eine gewünschte Richtung zu beeinflussen. Bei all diesen „wie" möchte Sie dieses Buch unterstützen.

Die Berechnungen in diesem Buch sowie die grafischen Darstellungen im Abschnitt 2.4 wurden mit dem Computerprogramm d a t l i b erstellt. Um die hier vorgestellten Methoden nachzuvollziehen, kann jedoch nahezu jede Standard Office- bzw. Statistik-Software verwendet werden. Je nach gewählter Software wird dazu ein mehr oder weniger erhöhter Bedienaufwand nötig sein. Für ein möglichst einfaches Ausprobieren und Experimentieren mit den in diesem Buch vorgestellten Methoden und Beispielen wurde daher eine kurze Bedienanleitung zur Software d a t l i b sowie einige Makros im Anhang eingefügt und die Software zum download unter folgender Internet-Adresse bereit gestellt:

http://www.buero-frank.de/download/datlib.exe

Der Download dieser Software für rein private Zwecke ist kostenlos. Beachten Sie bitte die Lizenzbedingungen wie angegeben unter http://www.buero-frank.de.

Frank Wirbeleit

Inhaltsverzeichnis

1 Einleitung

Ziel der in diesem Buch angeführten Methoden ist eine Einführung in die Beschreibung und Untersuchung von Ergebnissen statistischer Prozesse aller Art, also von Vorgängen in Gesellschaft, Umwelt, Natur und Technik, welche ein bestimmtes Ziel bzw. eine bestimmte Entwicklungsrichtung aufweisen und mindestens ein messbares Merkmal besitzen. Einzelne Messwerte dieser Prozesse können von zufälligen Einflüssen und Störungen überlagert sein, weshalb mehrfache Messungen oder eine laufende Erfassung von Messwerten erforderlich ist. Das Vorhandensein von mehreren Messwerten, welche unter gleichartigen Bedingungen gewonnen wurden, ist die entscheidende Voraussetzung dafür, dass diese Prozesse statistisch beschrieben werden können. Nur durch die wiederholte Erfassung von prozessbezogenen Daten statistischer Prozesse können Einstellgrößen und Zielgrößen und deren Wechselwirkungen statistisch untersucht werden. Dabei werden diese Untersuchungen empirisch durchgeführt, d. h. es wird kein genaues wissenschaftliches Modell vorausgesetzt, welches das Prozessergebnis exakt vorhersagen kann.

Der Umgang mit empirisch gewonnenen Messwerten, Zahlen aller Art also, welche aus der Untersuchung von statistischen Prozessen hervorgehen und unter dem Begriff „Daten" zusammengefasst werden sollen, ist ein ganz wesentlicher Bestandteil der Arbeit von Laboranten, Facharbeitern, Technikern, Studenten, Marktanalysten, Ingenieuren und Wissenschaftlern und bleibt dabei nicht auf diese Personengruppen beschränkt. Wann immer Daten statistisch beschrieben werden sollen, geht es darum, die Eigenschaften der Gesamtheit aller Daten bzw. von einzelnen Daten im Vergleich zur Gesamtheit oder Unterschiede zwischen Datengruppen zu erfassen. Die Statistik ist jene Disziplin der Mathematik, welche sich am stärksten mit der Beschreibung von Eigenschaften kleiner und großer Datenmengen beschäftigt. Darauf aufbauend gibt es die angewandte Statistik, welche sehr stark von den Erfahrungen aus der industriellen Fertigung geprägt und beeinflusst worden ist. Kenntnisse der Statistik und angewandten Statistik sind daher unerlässlich, sobald neue oder veränderte Prozesse untersucht, beschrieben oder optimiert werden sollen.

Sind die statistischen Eigenschaften von Datengruppen oder der Gesamtheit aller Daten hinreichend genau bekannt, kann der Umfang der Datenerhebung im Sinne einer Prozesskontrolle eingeschränkt, oder es können zielgerichtete Datenerhebungen im Sinne einer Optimierung durch die statistische Versuchsplanung durchgeführt werden. Anderenfalls sind weitere empirische Datenerhebungen erforderlich. Da nahezu jeder statistische Prozess individuell verschieden ist und einer zeitlichen Schwankung bzw. Drift unterliegt, sind grundlegende statistische Eigenschaften der Daten laufend neu zu hinterfragen und können nicht selbstverständlich als bekannt vorausgesetzt werden. Meist zahlt sich eine kritische Herangehensweise an die Datenanalyse aus, da entweder verbesserte Aussagen oder Aussagen mit einer größeren statistischen Sicherheit gewonnen werden können und im späteren Verlauf der Untersuchungen weniger unliebsame Überraschungen zu erwarten sind.

Letzten Endes jedoch befreien statistische Methoden und Verfahren nicht von der Verantwortung eigene Entscheidungen zu treffen. Bestenfalls dient und unterstützt die Statistik einer fundierten Entscheidungsfindung. Häufig entstehen Fehlbewertungen gerade dadurch, dass die Voraussetzungen für das Anwenden bestimmter statistischer Verfahren nicht erfüllt waren bzw. nicht untersucht worden sind. Dabei liegt es in der Verantwortung aller Beteiligten eine statistische Untersuchung zu begleiten und die geeigneten Entscheidungsgrundlagen zu schaffen.

Statistische Analysen können sehr vielfältig sein. Folgende Übersicht soll daher den Zusammenhang zwischen dem Ursprung der Daten und den in diesem Buch berücksichtigten statistischen Methoden und Herangehensweisen verdeutlichen:

Daten statistischer Prozesse		
empirisch gewonnene Daten	Gezielte Experimente/statistische Versuchsplanung	
Statistischer Aussagegehalt von Daten	Beschreibung von Daten	Empirische mathematische Modellierung
– Beschreibung hinsichtlich Dichte und Verteilung – Bewertung von Ausreißerwerten – Tests statistischer Eigenschaften – Untersuchung Prozessrobustheit – Klassifizierung in Gruppen: Parameterspuren, „Decision Trees" – Planung des Umfangs statistischer Untersuchungen	– grafische Darstellungen: Box-Whisker-Plot, Multidimensionaler Parameterplot, Radarplot, Ausgleichsfunktionen – Statistische Zusammenhänge zwischen Datengruppen: Korrelationsanalyse, Varianzanalyse, Regression	– Analyse der Effekte von Prozessparametern und deren Wechselwirkungen – Statistische Modelle: einfache, multiple und quasilineare Regression – Statistische Modellbewertung: Bestimmtheitsmaß, Reststreuung – Optimierung von Modellen mit Randbedingungen

2 Beschreibung von Daten

2.1 Empirische Datenanalyse

2.1.1 Merkmale, Bewertungsgrößen und Zielgrößen

Merkmale: Die Gesamtheit der Eigenschaften eines technischen Vorganges oder eines Produktes sind untrennbar miteinander verbunden, unabhängig davon, wie vollständig oder teilweise diese Gesamtheit durch Merkmale erfasst und beschrieben werden kann. Während technische Prozesse meist durch Prozessmerkmale wie Prozesstemperatur, Gaszusammensetzung usw. in Abhängigkeit bestimmter Zeiträume beschrieben werden, weisen Produkte Produktmerkmale wie Gewicht, Größe, Härte oder elektrischer Widerstand auf, welche messtechnisch genau erfasst werden können, oder zusätzliche Merkmale wie Geschmack und Geruch, die nur qualitativ bestimmbar sind. Besonders schwierig, aber gleichzeitig auch besonders wichtig ist es, Merkmale wie z. B. Kundenzufriedenheit oder Wohlbefinden zu erfassen. All diese Merkmale sind sehr spezifisch und werden mehr oder weniger entscheidend für den wirtschaftlichen Erfolg oder die Richtigkeit der Aussagen einer Untersuchung sein und daher mit den dazugehörigen Grenzen der Erfassbarkeit in einer Rangfolge eingestuft. Daran orientiert sich die Einteilung der Merkmale in wichtige oder weniger wichtige Merkmale für eine bestimmte Untersuchung oder Prozesskontrolle bzw. Produktoptimierung. Wichtige Prozessmerkmale für die Untersuchung sind unbedingt mit den dafür erforderlichen Messverfahren oder Methoden zu erfassen. Ist dies nicht möglich, muss evtl. die Untersuchung modifiziert oder auf einen späteren Zeitpunkt verschoben werden. Doch können auch Merkmale, welche als weniger wichtig eingestuft worden sind, oder deren Wechselwirkungen, sich im Verlaufe von Untersuchungen als bedeutsam erweisen. Daher ist es bei der Betrachtung von Prozess- oder Produktmerkmalen nötig zu hinterfragen, ob hinreichend viele Merkmale, auch weniger wichtige, ausreichend berücksichtigt wurden, um voraussichtlich zu einer ausreichend genauen Bewertung des Prozesses oder des Produktes zu gelangen. Die Auswahl wichtiger Merkmale sollte daher nicht nur einem Expertenteam überlassen bleiben, sondern auch mit geeigneten Voruntersuchungen belegt werden.

Bewertungsgrößen: Die Bewertung von Merkmalen, Prozessen oder Produkten erfolgt mit Hilfe von Bewertungsgrößen. Mindestens eine Bewertungsgröße ist immer Gegenstand der Untersuchung. Dabei kann eine Bewertungsgröße gleich einem Merkmal sein, wenn es zum Beispiel darum geht, die Temperatur eines Prozesses einzustellen, ist dies der Fall. Bewertungsgrößen können aber auch sehr komplexer Natur sein, wenn man z. B. an den Aktienindex zur Bewertung der wirtschaftlichen Lage eines Landes denkt. Bewertungsgrößen müssen erzeugt werden, wenn es darum geht, verschiedene Merkmale zu verbinden. So wird z. B. die Rechenleistung von Computern oft pro aufgenommener elektrischer Leistung in einer Bewertungsgröße erfasst, um z. B. den Energieverbrauch in Rechenzentren in wirtschaftlichen Grenzen zu halten. Es ist aber auch möglich, dass eine Bewertungsgröße erforderlich ist, wenn ein wesentliches Prozessmerkmal nicht erfasst werden kann. Anstelle dieses Prozessmerkmals wird dann diese Bewertungsgröße verwendet, welche aus mehreren messbaren Prozessmerkmalen abgeleitet werden muss. Soll z. B. die mittlere Zeit bewertet werden, mit welcher sich ein Gasteilchen in einer Reaktorkammer aufhält (Verweilzeit), ist dieses Merkmal nicht direkt oder vielleicht nicht mit vertretbarem Aufwand messbar. Möglicherweise kann jedoch dieses Prozessmerkmal hinreichend genau durch eine Bewertungsgröße ersetzt werden, welche aus den Quotienten der Prozessmerkmale „Gasfluss durch die Reaktorkammer" und „Volumen der Reaktorkammer" besteht und deren technische Erfassung relativ einfach möglich ist.

Ein messbares Prozessmerkmal kann auch durch eine Bewertungsgröße ersetzt werden, wenn z. B. dieses Merkmal in bestimmte Kategorien wie „Gut"/„Schlecht" eingeteilt wird.

Entscheidungen zum Umfang und der erforderlichen Genauigkeit der Erfassung von Merkmalen für Bewertungsgrößen können die Durchführbarkeit einer Untersuchung erheblich beeinflussen und es ist die Aufgabe der Datenanalyse derartige Grenzen aufzuzeigen. In diesem Sinne ist es durchaus als Erfolg einer Datenanalyse zu bewerten, wenn festgestellt werden muss, dass nicht hinreichend viele Prozessmerkmale bzw. Bewertungsgrößen vorliegen oder nicht hinreichend genau erfasst wurden, um eine ausreichend genaue Beschreibung des Prozesses oder Produktes vorzunehmen. Damit können unter Umständen Fehlentscheidungen aufgrund der gewonnenen Daten vermieden werden.

Es ist von Fall zu Fall sehr unterschiedlich, in welchem Umfang Prozessmerkmale für eine Untersuchung erfasst werden müssen. Sehr umfassende Datenerhebungen verursachen einen hohen Zeit- und Kostenaufwand, welcher unbedingt mit dem zu erwartenden Nutzen der Datenanalyse abzuwägen ist. Häufig kann im Verlaufe mehrerer Untersuchungen oder aufgrund von Erfahrungswerten der Umfang der Datenerhebung sinnvoll eingeschränkt werden. Moderne Strategien der statistischen Versuchsplanung betonen diesen Aspekt.

Zielgrößen: Wichtig für eine Untersuchung ist die Festlegung einer oder mehrerer Zielgrößen. Dies sind jene ausgewählten Merkmale oder Bewertungsgrößen, welche im Ergebnis der Untersuchung beschrieben, verbessert oder optimiert werden sollen. Selbst bei Untersuchungen, die auf eine Beschreibung der Wechselwirkungen zwischen Merkmalen und Bewertungsgrößen abzielen, ist die Festlegung oder die Suche nach einer oder mehreren Zielgrößen unerlässlich. Gibt es in einer Untersuchung mehrere Zielgrößen, welche gleichzeitig beschrieben oder optimiert werden sollen, werden diese oft in einer gemeinsamen Zielgrößenfunktion, wie z. B. dem Preis-/Leistungsverhältnis, beschrieben. Es ist aber zweckmäßig, in den Untersuchungen alle Zielgrößen getrennt zu erfassen, da eine Zielgrößenfunktion immer auch einen Verlust von Informationen mit sich bringt, welche in der vorangegangenen Untersuchung aber erst aufwendig erzeugt bzw. erarbeitet werden musste.

Tab. 2.1: *Ergebnisse der Partikel-Erfassung auf insgesamt 20 Substraten in einer ersten Versuchsreihe.*

Anzahl Partikel k	Anzahl Substrate $h(k)$	Anzahl Partikel k	Anzahl Substrate $h(k)$
4	1	13	1
5	0	14	2
6	2	15	3
7	0	16	0
8	2	17	1
9	1	18	0
10	1	19	0
11	2	20	0
12	3	21	1

2.1.2 Häufigkeit und Verteilung von Daten

2.1.2.1 Diskrete Datenmengen

Die Beschreibung von Daten konzentriert sich auf Prozesse, deren Eigenschaft es ist, ein Ziel zu verfolgen, also einen bestimmten Wert mindestens eines Merkmals möglichst genau und wiederholt hervorzubringen, was durch zufällig wirkende Störgrößen beeinflusst wird. Es ist das Anliegen der Untersuchung dieser Daten deren Häufigkeitsverteilung, auch Dichte genannt, und Verteilung herauszufinden. Die Betrachtung der Dichte eines Merkmals dieses Prozesses ist der erste Schritt seiner Beschreibung. Rein zufällige Prozesse, wie es bspw. das Würfelspielen ist, werden auch als stochastische Prozesse bezeichnet und haben kein Merkmal, welches einen Zielwert anstrebt, was anhand der Dichte der Würfelergebnisse sehr gut gezeigt und auch überprüft werden kann. Hüten Sie sich deshalb bitte davor, mit der Berechnung des arithmetischen Mittelwertes eines Merkmals zu beginnen, bevor nicht klar ist, ob es sich überhaupt um einen statistischen Prozess handelt. Und selbst dann, nicht jedes Merkmal hat die Eigenschaft, dass die größte Häufigkeit gleich dem arithmetischen Mittelwert aller Werte ist.

Im folgenden Beispiel wurde die Anzahl der Partikel- Verunreinigung eines technologischen Prozesses zur Abscheidung dünner Schichten auf Glassubstraten gemessen, welche nach der Prozessierung vorhanden waren und auf die Qualität des Abscheideprozesses wesentlichen Einfluss haben. Dazu wurde auf jedem Substrat eine automatische Partikelzählung durchgeführt. Aus einem ersten Testlauf mit 20 Substraten ergaben sich die in Tab. 2.1 aufgeführten Ergebnisse.

Werden die Ergebnisse aus Tab. 2.1 grafisch dargestellt, wie es in Abb. 2.1 gezeigt ist, erhält man einen Eindruck von der Häufigkeitsverteilung $h(n)$ der n- Partikelwerte, was allgemein als Dichte bezeichnet wird. Aus Abb. 2.1 geht hervor, dass am häufigsten 12 bzw. 15 Partikel je Substrat gemessen wurden, nämlich auf je 3 Substraten. Durch Aufsummieren der Dichte aus Abb. 2.1 erhält man die Darstellung der Verteilung, welche in Abb. 2.2 angeben ist. Entsprechend der Verteilung in Abb.2.2 haben 50 % der gemessenen Substrate weniger als 10 Partikel. Aus dieser Abbildung folgt weiter, dass auf

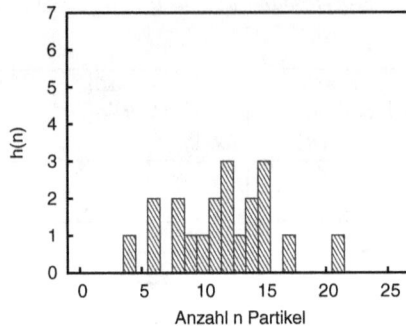

Abb. 2.1: *Verteilung der Häufigkeiten (Dichte) der Anzahl der auf Substraten gemessenen Partikel entsprechend Tab. 2.1.*

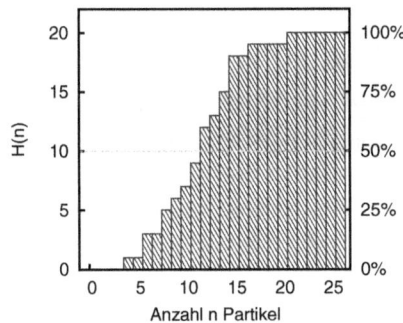

Abb. 2.2: *Verteilung der Anzahl der auf einem Substrat vorgefundenen Partikel entsprechend Tab. 2.1.*

nur etwa 35 % der Substrate 13 und mehr Partikel und nur auf etwa 10 % der Substrate 15 und mehr Partikel bei der Untersuchung gemessen wurden. Durch den Vergleich der Häufigkeitsdarstellung in Abb. 2.1 mit der dazugehörigen Verteilung in Abb. 2.2 wird klar, dass die am häufigsten auftretenden Partikelwerte (13 und 15) nicht die wahrscheinlichsten sind, denn etwa 65 % der Substrate hatten ja weniger als 13 und 90 % der Substrate hatten weniger als 15 Partikel. Entsprechend dieser Auswertung gibt es keine symmetrische Dichte der gemessenen Partikelwerte je Substrat, was darauf hindeuten kann, dass der Abscheideprozess selbst neben den vermuteten rein zufälligen Störgrößen auch systematischen Einflüssen unterliegt und einer weiteren Untersuchung bedarf. Es könnte z. B. vermutet werden, dass die Substrate am Ende der Untersuchung höhere Partikelwerte aufweisen als zu Beginn und der Abscheideprozess künftig häufiger für eine Wartung unterbrochen werden muss, sollte sich dies bei einer erneuten Untersuchung bestätigen und höhere Partikelanzahlen dieses Prozesses künftig vermieden werden. Aus statistischer Sicht kann auch vermutet werden, dass der Umfang der Untersuchung von nur 20 Substraten zu gering war. Daher werden weitere Substrate untersucht.

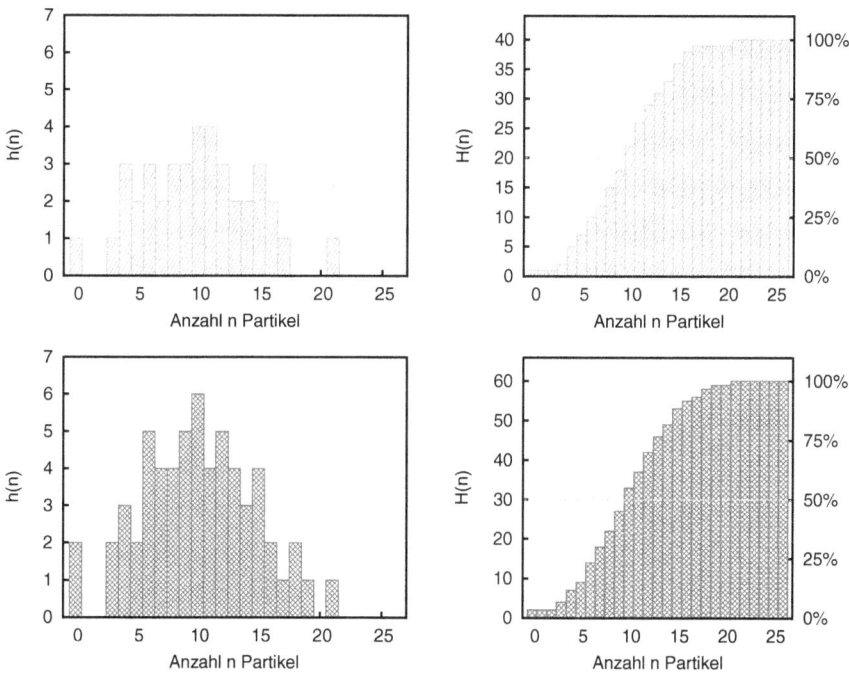

Abb. 2.3: *Darstellung der Anzahl der auf einem Substrat vorgefundenen Partikel n hinsichtlich deren Dichte h(n) und Verteilung H(n) nach insgesamt 40 (oben) und 60 (unten) untersuchten Substraten.*

Abb. 2.3 zeigt die Ergebnisse der Partikelmessungen hinsichtlich der Dichte und Verteilung, nachdem insgesamt 40 und 60 Substrate untersucht worden sind. Wie aus der Darstellung der Verteilungen der Partikelwerte in Abb. 2.3 abzulesen ist, haben ca. 50 % der Substrate weniger als 10 Partikel, wenn man der Untersuchung 40 oder 60 Substrate zugrunde legt. Die am häufigsten gemessenen Werte bei einer Untersuchung von 40 Substraten waren 10 und 11 Partikel je Substrat, wogegen die Untersuchung aller 60 Substrate zeigt, dass 10 Partikel je Substrat der am häufigsten gemessene Wert der Untersuchung ist.

Aussagen hinsichtlich des Types der statistischen Verteilung können erst nach erfolgter Modellierung der hier empirisch ermittelten Dichten und Verteilungen erfolgen. Es kann jedoch aufgrund der hier vorgestellten Ergebnisse vermutet werden, dass der betrachtete Abscheideprozess keinen wesentlichen systematischen Störungen unterliegt, da bei hinreichend großem Stichprobenumfang der häufigste Wert gleich dem Mittelwert der empirisch ermittelten Verteilung ist.

2.1.2.2   Kontinuierliche Datenmengen

Liegt ein Merkmal mit N Werten vor, welches eindeutig k Intervallen mit den Grenzen $< a_k, b_k >$ zugeordnet werden kann, ergibt sich deren Dichte $h(N)$ aus den einzelnen Häufigkeiten h je Intervall, wie es in Abschnitt 2.1.2.1 gezeigt wurde.

Die Dichtefunktion $h(N)$ ist im Bereich $-\infty$ bis $+\infty$ definiert und lückenlos, d. h. ein Intervall n grenzt unmittelbar an die benachbarten Intervalle $n-1$ und $n+1$. Da die untere Intervallgrenze des Intervalls n somit gleich der oberen Intervallgrenze des angrenzenden Intervalls $n-1$ ist, können die Häufigkeiten je Intervall wie folgt mathematisch beschrieben werden:

$$h_n = \sum_{b_{n-1}}^{b_n} x \; ; \quad \text{mit} \quad \begin{array}{l} b_{n-1} < x \le b_n; \\ -\infty < n < \infty \end{array} \tag{2.1}$$

Wenn ein Wert x genau auf eine Intervallgrenze fällt $x = b_{n-1} = b_n$, so wird in Gl. 2.1 festgelegt, dass dieser Wert dem höheren Intervall n angehört. Im allgemeinen werden die Intervallgrenzen so gewählt, dass derartige Ereignisse möglichst vermieden werden und äquidistante Intervallbreiten entstehen ($b_n - b_{n-1} = konstant$). Aus der Formulierung der Dichtefunktion in Gl. 2.1 ergibt sich Verteilung H_n durch Aufsummieren der Häufigkeiten h_n nach:

$$H_n = \sum_{-\infty}^{n} h_n = h_n + H_{n-1} \tag{2.2}$$

Im Unterschied zu diskreten Daten sind kontinuierliche Daten in ihrer Auflösung nicht begrenzt und haben daher keine natürliche Zuordnung zu diskreten Intervallen, weshalb durch eine geeignete Festlegung der Intervalle dafür zu sorgen ist, dass die so erhaltenen Datengruppen sinnvoll vergleichbar sind. Die Festlegung der Intervallbreiten beeinflusst das Erscheinungsbild der Dichte dieser Daten erheblich. Daher sind Vorüberlegungen nötig. Soll zum Beispiel die Außentemperatur statistisch untersucht werden, ist zu fragen, ob die Temperaturen je Stunde, je Tag, im Jahresmittel etc. beschrieben werden sollen. Anderenfalls erfolgt die Einteilung vielleicht in bestimmte Temperaturbereiche oder Bewertungen wie „kalt", „warm", „heiß" usw.. Kann aus der Fragestellung kein Hinweis auf die möglichen Intervalle abgeleitet werden, ist es unbedingt empfehlenswert, das Erscheinungsbild der Dichte dieser Daten bei unterschiedlichen Intervallbreiten zu vergleichen. Neben der Art der Verteilung hängt die Anzahl der Intervalle k ganz wesentlich vom Umfang N der zu untersuchenden Daten ab. Sind sehr viele Werte vorhanden, können womöglich sehr viele Intervalle mit relativ schmalen Intervallbreiten gewählt werden, um immer noch hinreichend vergleichbare Häufigkeiten je Intervall zu erzielen. Als Orientierung werden oft $k = \sqrt{N}$ Intervalle empfohlen, jedoch ist dies nur als Richtwert zu verstehen.

Durch die Auswahl einer geeigneten Anzahl von k Teilintervallen ergibt sich eine entsprechende Dichte $h(k)$, die einen wesentlichen, den Daten zugrunde liegenden Zusammenhang zeigen sollte und nachfolgend durch ein statistisches Modell beschrieben werden kann. Dieses Verfahren der Zuordnung von Merkmalswerten zu bestimmten willkürlich festgelegten Intervallen der Anzahl k ($1 < k < N$) wird auch als Klassifizierung oder als Diskretisierung bezeichnet.

Die Maxima der k Häufigkeiten $h_{max,k}$ zeigen die „Ziele" oder das „Ziel" eines Merkmales an, welches den Daten im Wesentlichen zugrunde liegt. In Abhängigkeit der Wahl der Anzahl der Intervalle k kann es zwei oder mehrere voneinander unterscheidbare Maxima $h_{max,k}$ der Dichte geben. Man spricht dann von bi- oder multimodalen Verteilungen, sollte es sich dabei um Gebiete mit einer jeweils separaten Dichtefunktion handeln. Gibt es jedoch gar kein Maximum, so wurde die Anzahl der Intervalle vielleicht zu klein gewählt, oder es handelt sich dem Anschein nach um einen stochastischen Prozess, wie es etwa beim Würfeln oder der Lotterie der Fall ist. Derartige Prozesse können nicht optimiert werden, sind daher im Sinne der Statistik auch nicht qualitätsfähig und werden hier nicht weiter betrachtet. Die Ursache von bi- oder multimodalen Verteilungen liegt häufig in der Vermengung der Daten unterschiedlicher Prozesse oder Prozessphasen, wie es bspw. vorkommt, wenn im Verlauf einer Datenerhebung sich der betreffende Prozess verändert hat. Von wenigen Ausnahmefällen abgesehen, müssen die Daten aus unterschiedlichen Prozessphasen voneinander getrennt betrachtet werden, oder es ist eine erneute Datenerhebung in einer stabilen Prozessumgebung erforderlich.

Die Dichte der k diskretisierten Häufigkeitswerte $h(k)$ kann symmetrisch oder unsymmetrisch um das Maximum der Häufigkeiten $h_{max,n}$ sein. Dies hängt einerseits vom Umfang der Daten und der Anzahl der ausgewählten Intervalle ab, wird aber im wesentlichen durch die Natur des Prozesses bestimmt. Häufig hat dies jedoch mit der Wahl der Intervalle zu tun. Wenn z. B. ein Intervall den Zielwert des Prozesses in einer Umgebung nicht symmetrisch einschließt, können die Dichten der benachbarten Intervalle so ungleich sein, dass die Dichte insgesamt nichtsymmetrisch erscheint. Liegen die Daten verschiedener Prozesse vermengt vor, deren häufigste Werte bzw. Dichten nicht eindeutig voneinander unterschieden werden können, ruft dies ebenfalls eine unsymmetrische Dichte hervor.

Neben der Angabe der maximalen Häufigkeiten sind Aussagen zur Modalität und Symmetrie der Dichtefunktion in Abhängigkeit der gewählten Anzahl der Intervalle wesentliche Merkmale einer empirisch ermittelten Dichtefunktion.

2.1.3 Mittelwert, Median und Schwerpunkt

Mittelwert: Liegt eine Anzahl von N Werten x vor, errechnet sich deren arithmetischer Mittelwert $\overline{x}$, kurz Mittelwert oder auch Durchschnitt genannt, aus:

$$\overline{x} = \frac{1}{N} \sum_{n=1}^{N} x_n \qquad (2.3)$$

Der nach Gl. 2.3 berechnete Mittelwert ist leicht zu berechnen und wird sehr häufig verwendet, obwohl dieser Wert sehr von Einzelwerten, insbesondere Ausreißerwerten, abhängig ist sowie eine symmetrische Dichte voraussetzt und daher wenig zuverlässig ist. Aus der Schulzeit ist bereits bekannt, dass vier mal die Note „1" (sehr gut) und einmal die Note „6" (ungenügend) im Durchschnitt die Note „2" (gut) auf dem Zeugnis ergeben kann, obwohl der betreffende Schüler nicht ein einziges mal eine „gute" Leistung erbracht hat. Die für die Berechnung des Mittelwertes verwendeten Daten sollten deshalb vorher untersucht worden sein und z. B. einen Plausibilitätstest durchlaufen haben und von Ausreißern befreit worden sein. Es ist daher sinnvoll, zusätzlich zum Mittelwert den Zentralwert der Daten, den Median, anzugeben.

Median: Der Median ist der mittlere Wert in der Reihenfolge, wenn die Einzelwerte der Größe nach sortiert betrachtet werden. Gibt es keinen zentralen Wert, weil die Anzahl der benachbarten Werte gerade ist, wird der Median aus dem Mittelwert der beiden zentralen Werte gebildet. In diesem Fall heißen die beiden zentralen Werte Ober- und Untermedian, was allerdings selten in der Praxis Erwähnung findet. Bspw. ergeben die 20 Partikelmesswerte, deren Dichte in Abb. 2.1 bereits diskutiert wurde, der Größe nach sortiert die folgende Reihe:

4; 6; 6; 8; 8; 9; 10; 11; 11; 12; 12; 12; 13; 14; 14; 15; 15; 15; 17; 21

Der Median dieser Werte ist 12 und ergibt sich als Mittelwert des Obermedians 12 und des Untermedians 12, da es sich um eine gerade Anzahl von Werten handelt. Der Mittelwert $\overline{x}$ dieser Werte ist 11,65.

Schwerpunkt: Die bisherige Betrachtung zu Mittelwert und Median bezog sich auf Einzelwerte, also eindimensionale Daten. Wurde bereits die Dichte der Daten empirisch ermittelt, liegen diese Daten als Häufigkeitsdiagramm in zweidimensionaler Form vor. Der Mittelwert der Einzelwerte $\overline{x}$ errechnet sich aus den ermittelten einzelnen Häufigkeiten $h(k)$ je Intervall k zu:

$$\overline{x} = \frac{\sum_{k=-\infty}^{+\infty} k \times h(k)}{\sum_{k=-\infty}^{+\infty} h(k)} \qquad (2.4)$$

Dabei wurde in Gl. 2.4 von gleichen Breiten der einzelnen Intervalle über den gesamten Definitionsbereich von $h(k)$ ausgegangen. Sollten einzelne Intervalle ungleiche Breiten $b(k)$ aufweisen, sind diese in den Gliedern der Summationen von Gl. 2.4 einzusetzen, was allerdings nur für Ausnahmefälle zu erwarten ist. Ähnlich zu Gl. 2.4 kann aus den einzelnen Häufigkeitswerten auch die mittlere Häufigkeit $\overline{h}$ bestimmt werden, wie es Gl. 2.5 wieder unter der Annahme gleicher Intervallbreiten im gesamten Definitionsbereich von $h(k)$ zeigt:

$$\overline{h} = \frac{\sum_{k=-\infty}^{+\infty} h^2(k)}{\sum_{k=-\infty}^{+\infty} h(k)} \qquad (2.5)$$

Die beiden Gleichungen für die Berechnung des Mittelwertes $\overline{x}$ und der mittleren Häufigkeit $\overline{h}$ (Gln. 2.4, 2.5) ergeben die Koordinaten des geometrischen Flächenschwerpunktes einer Häufigkeitsverteilung, welcher sich in Abhängigkeit der Anzahl der Messwerte und deren Dichte ändert, wie es Abb. 2.4 für die bereits angeführten Untersuchungen der Partikel je Substrat nach 20, 40 und 60 Testläufen zeigt.

2.1.4   Streuung und Range

Streuung: Es liegt in der Natur statistischer Prozesse, dass die betrachteten Werte in einem bestimmten Bereich streuen. Dabei wird der Begriff „Streuung" statistisch sehr genau unterschieden und in der Regel mit dem Begriff „Abweichung" untersetzt. Gemeinsam ist den verschiedenen Begriffen der Abweichung, dass diese auf einen zentralen Wert, dem arithmetischen Mittelwert, bezogen werden. Soll einmal ein Wert der Streuung eingeführt werden, welcher den Median eines Datensatzes beinhaltet, kann dies durchaus sinnvoll sein, ist aber genau von der üblichen Nomenklatur abzugrenzen.

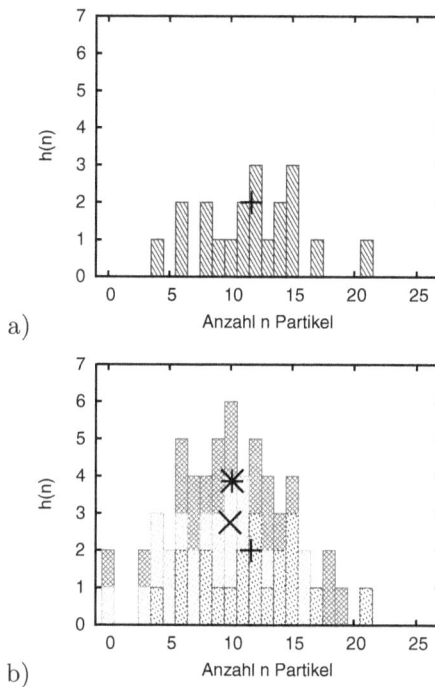

Abb. 2.4: *Häufigkeiten der gemessenen Partikel nach a) einem ersten Testlauf mit 20 Substraten und b) nach 40 und 60 Testläufen. Die entsprechenden Schwerpunkte der Häufigkeiten wurden mit den Symbolen + für 20, × für 40 und ∗ für 60 Testläufe gekennzeichnet.*

Abweichungen einzelner Werte von einem Mittelwert werden meist als mittlere quadratische Abweichungen berechnet, was dazu führt, dass der mittlere Wert dieser Abweichung einzelne Werte, welche weiter vom Mittelwert entfernt sind, stärker (quadratisch) berücksichtigt als weniger weit entfernte:

Mittlere Quadratische Abweichung:

$$\frac{1}{N} \sum_{k=1}^{N} (x_k - \overline{x})^2$$

Die mittlere quadratische Abweichung ist aber gerade auch aufgrund dieser Eigenschaft eine sehr häufig verwendete Bewertungsgröße, wenn es darum geht, die Anpassung von Einzelwerten an ein Modell, wie z. B. einer Trendgeraden, zu bewerten. Eine für die statistische Bewertung von Stichproben ganz besonders wichtige mittlere quadratische Abweichung ist die Standardabweichung, welche aus Gründen der Erwartungstreue auf den um 1 verminderten Stichprobenumfang bezogen wird. Das Symbol der Standardabweichung einer Stichprobe ist s^2. Wird nur das Symbol s angegeben ist die Quadratwurzel von s^2 gemeint:

Standardabweichung:

$$s^2 = \frac{1}{N-1} \sum_{k=1}^{N} (x_k - \overline{x})^2$$

Bei Untersuchungen, welche die Lage einzelner Werte zum Ziel haben, wobei alle Werte gleichberechtigt sind, wie es z. B. bei der Untersuchung von Ausreißerwerten der Fall ist, wird die lineare Abweichung verwendet:

Lineare Abweichung:

$$x_k - \overline{x}$$

Ist ein Wert kleiner als der Mittelwert aller Werte dieser Gruppe, ist die lineare Abweichung negativ, anderenfalls null oder positiv. Da die Einzelwerte der linearen Abweichung vorzeichenbehaftet sind, wird der Mittelwert aller linearen Abweichungen kaum verwendet und liefert keine wesentliche Aussage.

Range: Die Differenz zwischen dem maximalen und minimalen Wert einer Gruppe von Werten wird als Range bezeichnet. Der Range ist immer positiv und hat in der Statistik einen festen Platz als Bewertungsgröße. Insbesondere wenn es sich um Gruppen von wenigen Werten handelt, wird der Range gern als Maß für den Bereich der Streuung dieser Werte verwendet und gegenüber der quadratischen Abweichung bevorzugt.

Range:

$$Max_{k=1}^{N} (x_k) - Min_{k=1}^{N} (x_k)$$

Es kann als grobe Orientierung gelten, dass bei sehr kleinen Stichproben der Wert des Range etwa der dreifachen Standardabweichung entspricht.

2.2 Modelle für Verteilungen von Daten

Typische statistische Grundeigenschaften von Merkmalen werden in statistischen Modellen beschrieben, welche auf zentralen Sätzen beruhen. Diese Modelle werden verwendet, um die Häufigkeitsverteilung empirisch gewonnener Daten geeignet zu modellieren und somit Vorhersagen des statistischen Modells auf die betreffenden Daten übertragen zu können. Dies kann dadurch passieren, dass eine bestimmte Dichtefunktion mit Hilfe eines Approximationsverfahrens angepasst wird oder dass mehrere standardisierte Funktionen so überlagert werden, dass die Häufigkeit der empirischen Daten hinreichend gut erklärt werden kann.

2.2.1 Zentrale Sätze

2.2.1.1 Gesetz der Großen Zahlen

Nach dem Gesetz der Großen Zahlen konvergiert die relative Häufigkeit eines Ereignisses mit zunehmender Anzahl von Versuchen gegen die Wahrscheinlichkeit für dessen Auftreten, wenn die Versuche unter immer den gleichen Umständen wiederholt werden.

Dieses Gesetz ist fundamental, da hier der Zusammenhang zwischen einer experimentellen Beobachtung und der statistischen Wahrscheinlichkeit hergestellt wird. So kann bspw. aufgrund der Darstellung der Häufigkeiten in Abb. 2.3 angenommen werden, dass es am wahrscheinlichsten ist, 10 Partikel auf einem Substrat zu messen. Die Darstellung der Verteilung in Abb. 2.3 erlaubt aufgrund dieses Gesetzes weiterhin die Schlussfolgerung, dass bei diesem Prozess mit weniger als 3 %-iger Wahrscheinlichkeit mehr als 20 Partikel auf einem Substrat gefunden werden, wenn die statistische Unsicherheit, mit der diese Aussagen aufgrund des begrenzten Stichprobenumfanges von 40 bzw. 60 Versuchen belastet sind, einmal außer acht gelassen wird. Das trotz dieses begrenzten Stichprobenumfanges die in Abb. 2.3 dargestellte Häufigkeitsverteilung Rückschlüsse auf die statistische Dichte des untersuchten Prozess zulässt, begründet der folgende Satz.

2.2.1.2   Hauptsatz der Statistik

Der Hauptsatz der Statistik geht auf W. I. Gliwenko und F. Cantelli[I] zurück und besagt, dass die Häufigkeitsverteilung, welche durch Stichproben ermittelt werden kann, mit steigendem Stichprobenumfang sich der Dichte der Grundgesamtheit immer weiter annähert. Diese Aussage mag auf den ersten Blick wenig verwundern, aber dadurch ist es begründet, aus der statistischen Untersuchung von Stichproben hinreichend genau auf die Eigenschaften aller Werte der Grundgesamtheit zu schließen, was als fundamentales Anliegen der Statistik bezeichnet werden kann.

2.2.1.3   Zentraler Grenzwertsatz

Der Zentrale Grenzwertsatz wurde durch K. W. Lindberg[II] begründet und erklärt, warum eine sehr große Anzahl von statistischen Verfahren auf die Eigenschaften und die Anwendung der statistischen Normalverteilung fokussieren und die statistische Normalverteilung daher als fundamentale Verteilung der Statistik bezeichnet wird. Nach diesem Satz streuen die Mittelwerte von statistisch unabhängigen Stichproben normalverteilt um den Erwartungswert einer beliebige Dichte der Grundgesamtheit. Anschaulich bedeutet dies: Auch wenn die Werte der Grundgesamtheit z.B gleichmäßig verteilt sind, wie es etwa beim Würfeln oder der Lotterie zu erwarten ist, geht die Häufigkeit der Mittelwerte von Stichproben aus dieser Gesamtheit in eine statistische Normalverteilung über, welche um so genauer am Mittelwert der Menge aller Werte zentriert ist, je mehr Stichproben entnommen worden sind. Abb. 2.5 illustriert diese Aussage anhand der Simulation einer Grundgesamtheit von 1000 gleichverteilten Zufallszahlen aus dem Bereich 0 bis 100, welcher nacheinander 5, 10, 20 und 30 Stichproben mit jeweils 9 zufällig ausgewählten Werten entnommen wurde. Anhand der Häufigkeitsverteilungen in Abb. 2.5 ist zu erkennen, dass a) die Werte der Grundgesamtheit nahezu gleichverteilt sind und b) bis e), dass mit zunehmender Anzahl der Stichproben die Häufigkeitsverteilungen der Stichprobenmittelwerte in eine statistische Normalverteilung übergeht.

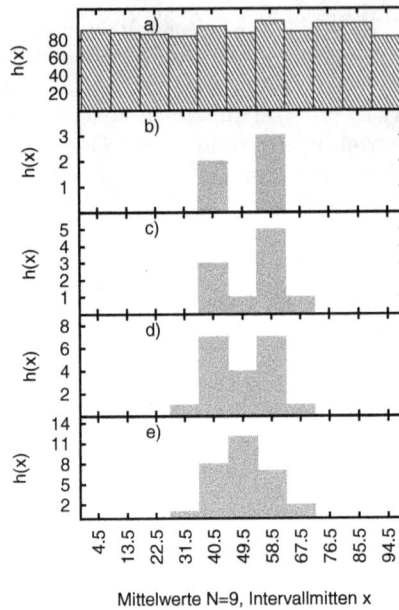

Mittelwerte N=9, Intervallmitten x

Abb. 2.5: *Darstellung der Häufigkeitsverteilungen nach Simulation von: a) einer gleichverteilten Grundgesamtheit mit 1000 Zufallszahlen aus dem Bereich 0 bis 100; b) bis e) der Mittelwerte nach Entnahme von unterschiedlich vielen Stichproben mit jeweils 9 zufällig ausgewählten Werten (5, 10, 20, 30).*

2.2.2 Die statistische Normalverteilung

Die statistische Normalverteilung wird auch als „Gauß-Kurve", „Gaußsche-Glockenkurve" oder Gauß-Funktion bezeichnet, da es sich hierbei um ein sehr altes naturwissenschaftliches Standardmodell zur Beschreibung kollektiver Vorgänge, weit über die Grenzen der Statistik hinaus, handelt. Woraus durchaus kein Makel entsteht, sondern eher der universelle Charakter und die Bedeutung dieser Funktion unterstrichen wird.

In der Technik ist die statistische Normalverteilung das Standardmodell, um den Einfluss der Gesamtheit von unbekannten, zufälligen Störgrößen auf ein Merkmal zu beschreiben. Die Summe dieser zufälligen Störungen auf ein Prozessmerkmal sowie Abweichungen davon werden z. B. sehr vorteilhaft in „Qualitätsregelkarten" oder „Shewhart-Karten"[III] erfasst, welche auf den Eigenschaften der statistischen Normalverteilung beruhen. Abb. 2.6 zeigt die Dichte der standardisierten Normalverteilung und deren Verteilungsfunktion mit einem zentralen Bereich, welcher die Datenmenge innerhalb einer Abweichung von $1\,\sigma$ um den Erwartungswert $\mu = 0$ kennzeichnet.

Aufgrund der Bedeutung der statistischen Normalverteilung für sehr viele Anwendungen, ist es nützlich noch folgende Orientierungswerte bezüglich der Dichte der standardisierten Normalverteilung festzuhalten:

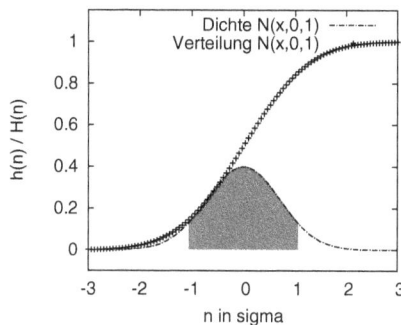

Abb. 2.6: *Dichte der standardisierten Normalverteilung und Verteilungsfunktion. Die Werte innerhalb der markierten* 1σ *Abweichung vom Erwartungswert entsprechen 62% aller Werte.*

1σ innerhalb einer Abweichung von 1σ um den Erwartungswert befinden sich ca. 62% der Werte,

2σ innerhalb einer Abweichung von 2σ sind es ca. 95% aller Werte und

3σ innerhalb 3σ sind ca. 99% aller Werte der standardisierten Normalverteilung

6σ außerhalb 6σ befinden sich weniger als ein Millionstel aller Werte

Zusammenfassend sind die Eigenschaften der statistischen Normalverteilung in Tab. 2.2 aufgeführt.

Die Verteilungsfunktion der statistischen Normalverteilung $N(x,\mu,\sigma)$ wird häufig mit Hilfe der Fehlerfunktion („error function") erf hergeleitet, wie es Gl. 2.6 zeigt. Da für die Berechnung statistischer Wahrscheinlichkeiten jedoch selten mehr als drei Nachkommastellen (entspricht einem Promille) erforderlich sind, gibt es zahlreiche Näherungslösungen für die Berechnung der Verteilung der statistischen Normalverteilung, sollte nicht auf die Fehlerfunktion zurück gegriffen werden können. Folgende Näherungslösung ist ein Beispiel dafür (mit $a = +0{,}62511520772$; $b = -0{,}39529835534$; $c = -0{,}75058610630$; $d = -0{,}22900033146$):

$$P = N(x,\mu,\sigma) = \frac{1}{\sqrt{2\pi}\,\sigma} \int_{-\infty}^{x} e^{-\frac{1}{2}\left(\frac{x-\mu}{\sigma}\right)^2} dx$$

$$= \frac{1}{2} - \frac{1}{2} erf\left(\frac{1}{\sqrt{2}}\,\frac{x-\mu}{\sigma}\right)$$

$$\approx \begin{cases} 1 - a \times e^{(bz^2 + bz + d)} & ; \; x \geq \mu \\[2mm] a \times e^{(bz^2 - bz + d)} & ; \; sonst \end{cases} \quad ; \; z = \frac{x-\mu}{\sigma} \tag{2.6}$$

Die in Gl. 2.6 angegebene Näherungslösung für die statistische Normalverteilung weist im Bereich von $\left|\frac{x-\mu}{\sigma}\right| > 0{,}1$ einen absoluten Fehler kleiner oder gleich 0,1% auf. Innerhalb des Bereiches $0 \leq \left|\frac{x-\mu}{\sigma}\right| \leq 0{,}1$ ist dieser Fehler kleiner oder gleich 0,3%, allerdings

Tab. 2.2: Eigenschaften der statistischen Normalverteilung.

$N(x, \mu, \sigma)$		
Argumente	x	Koordinate
	μ	Erwartungswert
	σ	Standardabweichung

Dichte	$\frac{1}{\sqrt{2\pi}\,\sigma}\, e^{-\frac{1}{2}\left(\frac{x-\mu}{\sigma}\right)^2}$	symmetrisch, Geltungsbereich $-\infty, +\infty$

$$\frac{1}{\sqrt{2\pi}}\, e^{-\frac{1}{2}x^2}$$

normierte Dichte

Dichte Normalverteilung / Standardabweichung

Verteilung

Normierte Verteilung

$$N(x, \mu, \sigma) = \frac{1}{\sqrt{2\pi}\,\sigma} \int_{-\infty}^{x} e^{-\frac{1}{2}\left(\frac{x-\mu}{\sigma}\right)^2}\, dx$$

$$N(x, 0, 1) = \frac{1}{\sqrt{2\pi}} \int_{-\infty}^{x} e^{-\frac{1}{2}x^2}\, dx$$

Normalverteilung / Standardabweichung

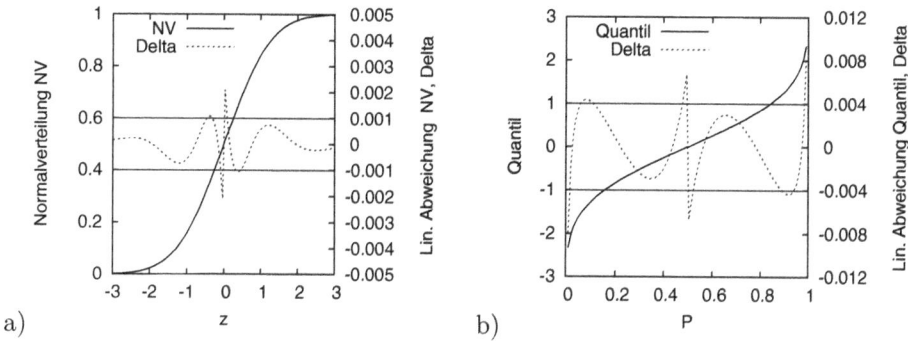

Abb. 2.7: *Verläufe der Näherungslösungen bei der Berechnung der Normalverteilung $P = N(x, 0, 1)$ (a) und des Quantils der Normalverteilung $\Phi(P)$ (b) entsprechend Gln. 2.6 und 2.7 sowie lineare Abweichungen zu den exakten Lösungen.*

sind Argumente nahe dem Erwartungswert der statistischen Normalverteilung für Untersuchungen kaum von Interesse. Für den in der Statistik wichtigen Wertebereich von $|\frac{x-\mu}{\sigma}| > 2$ liegt der absolute Fehler dieser Näherungslösung bei weniger oder gleich $0{,}02\,\%$.

Ein wesentlicher Vorteil der in Gl. 2.6 angegebenen Näherungslösung liegt darin, dass die mathematische Struktur recht einfach ist und daher auch das Quantil Φ der statistischen Normalverteilung näherungsweise angegeben werden kann:

$$\Phi(P) \approx \begin{cases} -\frac{1}{2b}\left[\sqrt{4b \times log\left(\frac{1-P}{a}\right) - 4bd + c^2} + c\right] & ; P \geq 0{,}5 \\[2ex] \frac{1}{2b}\left[\sqrt{4b \times log\left(\frac{P}{a}\right) - 4bd + c^2} + c\right] & ; sonst \end{cases} \tag{2.7}$$

Der absolute Fehler für die Näherunglösung des Quantils der statistischen Normalverteilung in Gl. 2.7 liegt innerhalb von 0,01 für Argumente kleiner $P = 0{,}99$. Dies bedeutet, dass mit Hilfe dieser Näherungslösung eine Abweichung $|\frac{x-\mu}{\sigma}|$ mit der Genauigkeit von $\pm\frac{\sigma}{100}$ angegeben werden kann, was für praktische Anwendungen in der Regel hinreichend genau ist. Abb. 2.7 zeigt die Verläufe der Näherungsfunktionen für die statistische Normalverteilung sowie deren Quantil und die dazugehörigen linearen Abweichungen von den exakten Werten.

2.2.3   Die Exponentialverteilung

Die Exponentialverteilung wird verwendet, um Zuverlässigkeits- oder Lebensdauer begrenzte Prozesse zu beschreiben. Annahmen zu Kennwerten der Zuverlässigkeit wie MTBF („mean time between failure") oder MTTF („mean time to failure") kennzeichnen statistische Aussagen über die zu erwartende Zeit oder den wahrscheinlichen Anteil ausfallender Produkte und beruhen häufig auf Annahmen der Exponentialverteilung. Die Exponentialverteilung ist im Gegensatz zur statistischen Normalverteilung nicht

Tab. 2.3: Eigenschaften der Exponentialverteilung.

$L(x, \lambda)$		
Argumente	x	Koordinate
	$1/\lambda$	Erwartungswert
	$1/\lambda$	Standardabweichung
Dichte	$\lambda e^{-\lambda x}$; einseitig, Geltungsbereich $0, +\infty$	

Verteilung	$1 - \lambda e^{-\lambda x}$

kennzeichnend für Prozesse, welche einen Zielwert aufweisen. Prozesse, welche durch die Exponentialverteilung typisch beschrieben werden, beruhen auf Vorgaben von z. B. „so lange wie möglich" oder „so schnell wie möglich" ein Kriterium zu erfüllen. Ein typisches Beispiel für die Anwendung der Exponentialverteilung bezieht sich auf die Anzahl der funktionierenden Leuchtmittel in einer neuen Wohnung, wenn alle Leuchtmittel gleichzeitig, etwa bei Einzug in diese Wohnung, neu installiert worden sind. Es ist dann zu beobachten, dass zunächst einige Ausfälle auftreten, sogenannte Frühausfälle, deren Häufigkeit exponentiell abklingt. Am Ende der Lebensdauer der Leuchtmittel steigt die Häufigkeit der Ausfälle wieder exponentiell an, was evtl. zunehmend zu Verärgerungen führt, aber in der Natur dieses Lebensdauer begrenzten Prozesses liegt. Die Eigenschaften der Exponentialverteilung zeigt Tab. 2.3.

Tab. 2.4: *Grundlegende Eigenschaften der Weibull-Verteilung.*

$W(x,\lambda)$		
Argumente	x	Koordinate
	$k,\, k>0$	Formparameter
	$\lambda,\, \lambda>0$	Skalierungsfaktor
	$T=1/\lambda$	charakteristische Lebensdauer
Dichte	$\lambda \times k \times (\lambda \times x)^{k-1}\, e^{-(\lambda \times x)^k}$ unsymmetrisch, geht in eine symmetrische Dichte über, Geltungsbereich $0,+\infty$	

Dichte Weibullverteilung (l=0.5, k=0.5; l=0.5, k=1.5; l=0.5, k=2.0; l=0.5, k=2.5)

Dichte Weibullverteilung (l=1, k=0.5; l=1, k=1.5; l=1, k=2.0; l=1, k=2.5)

Verteilung	$1 - e^{-(\lambda \times k)^k}$

Dichte Weibullverteilung (l=0.5, k=0.5; l=0.5, k=1.5; l=0.5, k=2.0; l=0.5, k=2.5)

Dichte Weibullverteilung (l=1, k=0.5; l=1, k=1.5; l=1, k=2.0; l=1, k=2.5)

2.2.4 Die Weibull-Verteilung

Der Weibullverteilung[IV] kommt neben der Normal- und Exponentialverteilung in der Technik eine große Bedeutung zu, da diese Verteilung beide Arten von Prozessen, Prozesse „mit einem Ziel" und Prozesse „so lange wie möglich" modellieren kann. Ein Formparameter (Parameter k, siehe Tab. 2.4) der Weibull-Verteilung erlaubt nach erfolgreicher Approximation der Daten eines Prozesses eine Bewertung, ob ein technischer Prozess noch rein zufällig abläuft oder bereits Lebensdauer begrenzt ist. Kleine Werte von k kennzeichnen einen Verlauf der Dichtefunktion der Weibull-Verteilung, welcher der Exponentialverteilung ähnlich ist. Hingegen zeigen größere Werte des Formparameters k an, dass sich die Dichtefunktion der Weibull-Verteilung der statistischen Normalverteilung annähert. Tab. 2.4 gibt eine Übersicht über die Eigenschaften der Weibull-Verteilung.

2.2.5 Transformation von empirischen Häufigkeiten

Gelingt die Anpassung eines statistischen Modells an eine vorgefundene Häufigkeitsverteilung nicht ohne weiteres, lässt sich die Häufigkeit der Merkmalswerte $h(n)$ meist geeignet mathematisch durch z. B. Logarithmierung der Dichtefunktionen in eine Funktion $h'(n')$ so transformieren, dass die Approximation mittels eines Standardmodells der Statistik gelingt. Aussagen, welche von den statistischen Standardfunktionen abgeleitet werden, beziehen sich dann aber nur auf die transformierte Häufigkeit der Merkmale $h'(n')$. Eine Rücktransformation der abgeleiteten statistischen Aussagen auf die ursprüngliche Häufigkeitsverteilung $h(n)$ wird nicht durchgeführt, von Ausnahmefällen einmal abgesehen. Für die Transformation der Häufigkeitsverteilung $h(n)$ in eine transformierte Dichte $h'(n')$ werden geeignete Transformationsfunktionen $f()$ und $g()$ benötigt:

$$h'(n') = f \{h[g(n)]\} \tag{2.8}$$

Für diese Transformationsfunktionen $f()$ und $g()$ entsprechend Gl. 2.8 kommen neben der Logarithmus- bzw Exponentialfunktion auch das Radizieren bzw. Potenzieren in Betracht. Selbstverständlich können auch beliebige andere mathematische Funktionen angewandt werden.

Abb. 2.8a zeigt beispielsweise die Approximation des statistischen Modells der statistischen Normalverteilung $N(\overline{x}, s)$ an die Häufigkeitsverteilung der in Abschnitt 2.1.2.1 vorgestellten Partikelmesswerte. Diese Anpassung des statistischen Modells und die Häufigkeiten der Merkmale $H(n)$ kann evtl. noch verbessert werden, wenn die folgende Transformation mit Hilfe der Logarithmus-Funktion durchgeführt wird:

$$h'(n) = log[h(n)] \tag{2.9}$$

Das Ergebnis der Transformation in Gl. 2.9 ist in Abb. 2.8b dargestellt.

Eine formale Bewertung der jeweiligen Approximation mittels der statistischen Maßzahlen Korrelationskoeffizient, Bestimmtheitsmaß und Reststreuung, welche im Abschnitt 4 noch diskutiert werden, ist anhand der Verteilung der Werte $H(n)$ und des statistischen Modells möglich, aber selten, da, wenn immer möglich, grafische Vergleiche bevorzugt werden. Dazu wird die Verteilung der Werte $H(n)$ mit einer entsprechend dem statistischen Modell linearisierten Ordinate dargestellt, wie es Abb. 2.9 unter Verwendung der Verteilung der statistischen Normalverteilung $N(\mu, \sigma)$ zeigt.

In Abb. 2.9a,b befinden sich die linearisierten Darstellungen der Häufigkeitsverteilung der Werte $H(n)$ für unterschiedliche Modellparameter μ und σ. Abb. 2.9c hingegen zeigt die linearisierte Darstellung der transformierten diskreten Häufigkeitsverteilung $H'(n)$ entsprechend Gl. 2.9.

Aus dem Vergleich der Abb. 2.9a, b wird deutlich, dass eine linearisierte Darstellung der Verteilung im Vergleich zur Darstellung der Dichte in Abb. 2.8 eine wesentlich genauere Bewertung der Modellparameter ermöglicht. Abb. 2.9c zeigt eine weiter verbesserte Anpassung des statistischen Modells mit Hilfe der transformierten Häufigkeiten der Werte entsprechend Gl. 2.9.

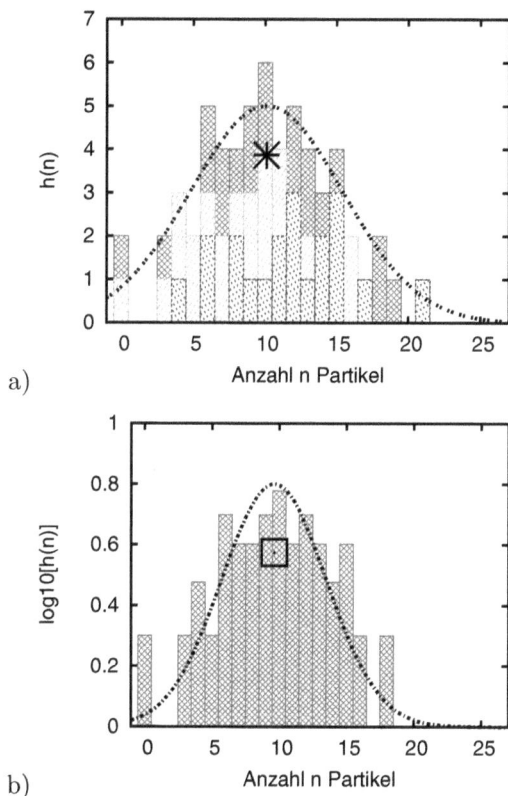

Abb. 2.8: *Approximation der Häufigkeiten (a) bzw. der logarithmischen Häufigkeiten (b) von Partikelmesswerten durch die Dichte $N(\mu, \sigma)$ der statistischen Normalverteilung mit a) $N(10,1; 7,5)$ bzw. b) $N(9,6; 5,5)$. Die Lage der Flächenschwerpunkte ist durch die Symbole $*$ und $\square$ gekennzeichnet.*

2.3   Untersuchung von Ausreißerwerten

Die Betrachtung von Ausreißerwerten ist vor Beginn jeder Datenanalyse durchzuführen und ist für die Glaubwürdigkeit der aus der Datenanalyse abgeleiteten Aussagen sehr wichtig. Soweit es sich um sehr kleine bzw. gut überschaubare Stichproben handelt, wird die Suche nach Ausreißerwerten zumeist intuitiv durchgeführt. Ausreißer-Untersuchungen können jedoch sehr anspruchsvoll werden, wenn tausende von Messwerten einer Vielzahl von Merkmalen berücksichtigt werden sollen. Eine intuitive Bewertung von Ausreißerwerten ist dann ausgeschlossen.

Das Auftreten von Ausreißerwerten kann verschiedene Ursachen haben. Einerseits kann es sich um sehr grobe Messfehler oder Fehlmessungen handeln, welche evtl. absichtlich durch Werte weitab des Messbereiches, wie durch etwa „10^{99}", gekennzeichnet worden sind, oder es sind fehlerhafte Werte bei der Datenverarbeitung entstanden, was meist schwieriger zu erkennen ist. So kommt es gar nicht so selten vor, dass fehlende Werte

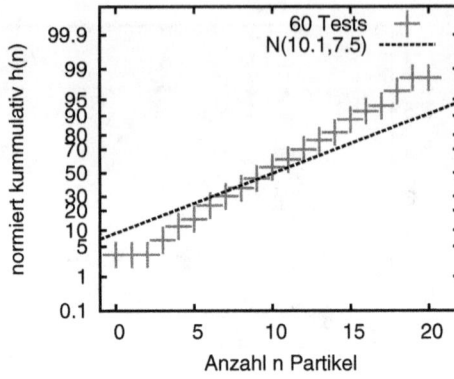

a)

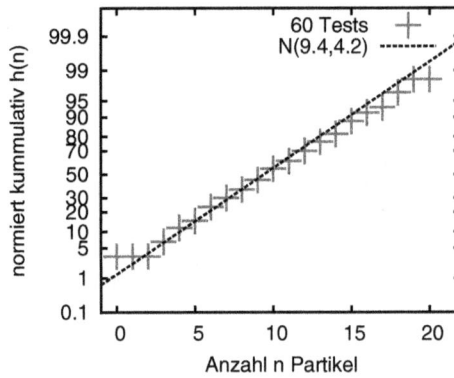

b)

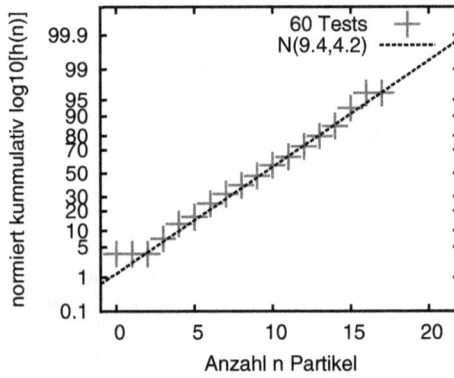

c)

Abb. 2.9: *Mit der statistischen Normalverteilung $N(\mu, \sigma)$ linearisierte Darstellung der Verteilung $H(n)$ von Partikelmesswerten entsprechend Abb. 2.8 für a) $N(10,1; 7,5)$ bzw. b) $N(9,4; 4,2)$ und c) logarithmische Verteilung $H'(n)$ mit $N(9,4; 4,2)$.*

in Datenbanken durch Textkürzel wie „N/A" oder durch Leerzeichen gekennzeichnet
werden und zu falschen Zuordnungen von Werten zu Messreihen bei der automatischen
Datenverarbeitung führen. In solchen Fällen ist es immer empfehlenswert, nicht nur auf
die Aussagen zur Dichte von Werten zu vertrauen, sondern einen sogenannten „Sanity
Check" (engl. „sanity" = vernünftig) vor Beginn einer statistischen Untersuchung der
Daten durchzuführen.

„Ausreißer" im eigentlichen Sinne haben ihre Ursachen in zufälligen Störungen, welche
entweder die Messung oder den jeweiligen Prozess so beeinflusst haben, dass keine sinnvolle Aussage aus den ermittelten Daten abgeleitet werden kann. Liegt eine empirisch
ermittelte Dichtefunktion vor, können diese Ausreißerwerte leicht erkannt werden, da
es kennzeichnend für Ausreißerwerte ist, wenn:

1. Werte mit einer verschwindend geringen Häufigkeit im Vergleich zu den übrigen
   Daten auftreten und

2. diese Werte mit sehr geringer Häufigkeit in Intervallen weit ab des Schwerpunktes
   der Dichte aller Werte vorkommen

Zur Erfassung dieser Ausreißerwerte wurden zahlreiche statistische Verfahren entwickelt, welche in die im Folgenden aufgeführten Gruppen eingeteilt werden können. Es
ist jedoch nicht zwingend erforderlich einen Messwert als Ausreißer zu bewerten, auch
wenn dies durch das Ergebnis eines Tests begründet werden kann, da die Kennzeichnung von Ausreißern immer einen Informationsverlust bedeutet. Manchmal ergeben
sich gerade aus diesen einzelnen speziellen Messwerten Anhaltspunkte, welche für eine
Versuchsstrategie ganz richtungsweisend sein könnten.

2.3.1   Ausreißer-Elimination durch Häufigkeitsverschiebung

Entsprechend der Eigenschaft von Ausreißerwerten, dass diese nur mit verschwindend
geringer Häufigkeit in einzelnen Intervallen auftreten, können Ausreißerwerte dadurch
eliminiert werden, dass alle Häufigkeiten einer empirisch ermittelten Dichte rechnerisch
um einen konstanten und relativ kleinen Wert vermindert werden. Anschaulich entspricht dieses Verfahren der Verschiebung der Abszisse um einen konstanten Wert entlang der Ordinate $h(n)$ (siehe dazu Abb. 2.3). Die Häufigkeiten aller Intervalle werden
damit gleichmäßig rein rechnerisch reduziert. Wird bei diesem Verfahren festgestellt,
dass die Häufigkeitswerte einzelner Intervalle gleich Null werden oder negative Werte
annehmen, können die Werte in diesen Intervallen im Bezug auf das erste Kriterium
für Ausreißer als solche gekennzeichnet werden. Eine Entscheidung, ob es sich tatsächlich um Ausreißerwerte handelt, hängt jedoch noch von der Bewertung hinsichtlich des
zweiten Kriteriums in Bezug auf die Lage der gekennzeichneten Intervalle mit verschwin-
dender Häufigkeit ab. Hierzu ist es sinnvoll, von Ausreißern nur dann zu sprechen, wenn
diese in einem Bereich konzentriert sind, der weit außerhalb der empirisch ermittelten
Dichten aller übrigen Werte liegt. D. h., sollte ein Intervall außerhalb eines bestimmten
Bereiches Z der Dichte $h(n)$ aller Werte liegen, ist das zweite Kriterium für die Werte
in diesem Intervall erfüllt. Als Zentrum des Bereiches Z kann entweder das Intervall i
gewählt werden, welches die größte Häufigkeit $h_{Z,max} = h(i)$, also die meisten Werte

beinhaltet, oder es wird ein Intervall gewählt, welches dem 50 %-Wert der relativen Verteilung $0{,}5 = H(i)$ am nächsten liegt. Die Breite des Bereiches Z wird durch den Wert der mittleren quadratischen Abweichung aller Intervalle mit einer Häufigkeit größer 1 zum Intervall i und einem festen Skalierungswert s bestimmt:

$$ Z : i \pm s \times \frac{1}{N} \sqrt{\sum_{n=1}^{N} (i - n)^2} \; ; \; h(i), h(n) > 0 \tag{2.10} $$

Der Wert s in Gl. 2.10 hängt von der Anzahl der Intervalle und der Anzahl der insgesamt erfassten Werte ab. Allgemeinen ist es wichtig, den Bereich Z nicht zu eng festzulegen, s wird daher typisch im Bereich von 4 bis 6 gewählt. Spezielle Ausreißertests, insbesondere für kleine Stichproben, verwenden oft Werte für s, welche kleiner als 3 sind. Selbstverständlich können auf jeden konkreten Anwendungsfall bezogen unterschiedliche Werte für s vereinbart werden.

Aus den bisherigen Ausführungen folgt: Liegt ein ausgewähltes Intervall m, mit einer verschwindend geringen Häufigkeit $h(m)$ entsprechend dem Kriterium 1, außerhalb des Bereiches Z der Dichte h aller Werte (Kriterium 2), handelt es sich um Ausreißerwerte, welche aus der Menge aller zur Verfügung stehenden Daten eliminiert werden, bevor eine weitere statistische Analyse der Daten erfolgt.

Abschließend dazu zeigt Abb. 2.10 die Dichte der in Abschnitt 2.1.2.1 vorgestellten 60 Messwerte zuzüglich eines zusätzlichen Messwertes, welcher als Ausreißer entsprechend dem hier vorgestellten Verfahren eliminiert wurde.

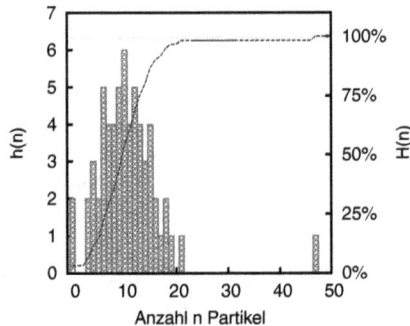

Abb. 2.10: *Häufigkeitsverteilung der Anzahl der auf einem Substrat vorgefundenen Partikel (vergl. Abb. 2.3) nach 61 Versuchen (Balken) und Verteilung aller Werte (Linie), wobei die Intervalle mit $n = 17$, 19, 21 und 47 Partikeln aufgrund der jeweiligen Häufigkeit von 1 als mögliche Ausreißer untersucht wurden (Ausreißermerkmal 1). Als Zentrum der Dichte h wurde das Intervall $i = 10$ ausgewählt, woraus sich ein Bereich Z von $10 \pm 6 \times 2{,}244$ entsprechend Gl. 2.10 ergibt, außerhalb dessen Ausreißerintervalle bezüglich ihrer Lage vermutet werden (Ausreißermerkmal 2). Entsprechend Ausreißermerkmal 1 und 2 wurden die Messwerte des Intervalls $n = 47$ als Ausreißerwerte erkannt.*

Dieser hier vorgestellte Ausreißertest beruht nicht auf einer statistischen Annahme hinsichtlich einer Verteilung bzw. von Verteilungsparametern. Die „Ausreißer-Elimination durch Häufigkeitsverschiebung" gehört damit zur Gruppe der sogenannten nicht-parametrischen Tests. In der Praxis erweist sich dieses Vorgehen als sehr wirkungsvoll um Ausreißerwerte aufzufinden, da es sich sozusagen um „handverlesene" Ausreißerwerte handelt. Gerade deshalb ist dieses Verfahren aber auch sehr aufwendig und wird bei der Untersuchung von sehr vielen Datensätzen schnell unübersichtlich und zeitaufwendig.

2.3.2   Parametrische Ausreißertests

In die Gruppe der parametrischen Ausreißertests gehören alle Verfahren, welche die empirisch ermittelte Dichte durch ein statistisches Modell ersetzen und grobe Abweichungen einzelner Werte davon als Ausreißer bewerten. Tests dieser Gruppe bewerten Ausreißerwerte durch deren Lage hinsichtlich eines empirisch ermittelten Vergleichswertes oder Bereichs. Auf die explizite Verwendung der Dichte dieser Werte wird dabei verzichtet, weshalb diese Ausreißertests unter Umständen wiederholt anzuwenden sind, bis alle Werte eines Ausreißer-Intervalls aufgefunden wurden. Unterschiedliche Häufigkeiten von Ausreißerwerten können bei diesen Tests zu Fehlinterpretationen führen und bi-modale oder multi-modale empirische Dichten von Messwerten werden leicht übersehen, was ein Risiko darstellt, aber durchaus auch seine Berechtigung hat, soweit diese parametrischen Ausreißertests nur bei Messwerten bekannter Grundgesamtheiten angewandt werden dürfen.

Im einfachsten Fall gehören zu diesen parametrischen Tests Verfahren, welche den arithmetischen Mittelwert aller Werte und eine Größe zur Erfassung der Streuung der Werte verwenden. Der Bereich Z, außerhalb dessen Ausreißer festgelegt werden, wird dann analog zu Gl. 2.10 durch ein Vielfaches dieser Streuung um den errechneten Mittelwert festgelegt.

2.3.2.1   Dixon-Ausreißertest

Der Dixon[V]-Test ist insbesondere für kleine Stichprobenumfänge geeignet, wenn mindestens drei Messwerte ($N \geq 3$) vorhanden sind. Für diesen Test werden die Messwerte in aufsteigender Reihenfolge der Größe nach sortiert und mit einem fortlaufenden Index 1,2,3.. versehen. Der Dixon-Test prüft, ob der untere oder obere Wert eines Bereiches von Messwerten als Ausreißerwert angesehen werden muss und geht dabei von statistisch normalverteilten Werten aus. Die Berechnung der Bewertungsgrößen D_{min} und D_{max} dieses Tests beruht auf sogenannten robusten Merkmalen, d. h. anstelle des Mittelwertes wird der Range der inneren Messwerte dieses Bereiches verwendet und in das Verhältnis zu den beiden oder drei ersten (x_1, x_2, x_3) bzw. letzten Messwerten (x_{N-2}, x_{N-1}, x_N) gesetzt, wobei der Stichprobenumfang N zu berücksichtigen ist. Folgende Tabelle zeigt die Berechnungen von D_{min} und D_{max} und den dazugehörigen Vergleichswert D_{krit} (D_{krit} für statistische Sicherheit von 99,5 %):

N	D_{min}	D_{max}	$\dfrac{D_{krit}}{0,5\%}$	N	D_{min}	D_{max}	$\dfrac{D_{krit}}{0,5\%}$
3			0,994	14			0,674
5	$\dfrac{x_2-x_1}{x_n-x_1}$	$\dfrac{x_n-x_{n-1}}{x_n-x_1}$	0,821	15			0,647
6			0,740	16			0,624
7			0,680	17			0,605
8			0,725	18	$\dfrac{x_3-x_1}{x_{n-2}-x_1}$	$\dfrac{x_n-x_{n-2}}{x_n-x_3}$	0,589
9	$\dfrac{x_2-x_1}{x_{n-1}-x_1}$	$\dfrac{x_n-x_{n-1}}{x_n-x_2}$	0,677	19			0,575
10			0,639	20			0,562
11			0,713	21			0,551
12	$\dfrac{x_3-x_1}{x_{n-1}-x_1}$	$\dfrac{x_n-x_{n-2}}{x_n-x_2}$	0,675	22			0,541
13			0,649	23			0,532

Der untere oder obere Messwert der Stichprobe wird als Ausreißer bewertet, wenn die entsprechende Prüfgröße D_{min} oder D_{max} größer als die Bewertungsgröße D_{krit} ist. Da auch für den Dixon-Test gilt, dass Messwerte nur dann als Ausreißer gekennzeichnet und eliminiert werden sollten, wenn diese Entscheidung mit hoher statistischer Sicherheit getroffen werden kann, enthält die vorangegangene Tabelle nur Werte für D_{krit} mit einer statistischen Sicherheit von 99,5 %.

Nachfolgendes Beispiel soll die Anwendung des Dixon-Tests anhand von Partikel-Messwerten erläutern, welche bereits der Größe nach sortiert wurden (siehe Tab. 2.1 bzw. Abb. 2.1):

4; 6; 6; 8; 8; 9; 10; 11; 11; 12; 12; 12; 13; 14; 14; 15; 15; 15; 17; 21

Es handelt sich hierbei um eine Stichprobe mit 20 Messwerten. Die Bewertungsgröße für untere Ausreißerwerte lautet:

$$D_{min} = \frac{x_3 - x_1}{x_{n-1} - x_1} = \frac{6-4}{17-4} = 0,154 \tag{2.11}$$

Da der kritische Wert D_{krit} für eine Stichprobe mit 20 Werten 0,562 ist, gibt der Dixon-Test mit sehr hoher statistischer Sicherheit (99,5 %) keinen Anlass, den kleinsten Wert dieser Stichprobe als Ausreißer anzusehen und von der weiteren Betrachtung auszuschließen. Ebenso verhält es sich bei der Betrachtung des oberen Wertes, welcher ebenfalls kleiner D_{krit} ist:

$$D_{max} = \frac{x_n - x_{n-2}}{x_n - x_3} = \frac{21-15}{21-6} = 0,4 \tag{2.12}$$

Entsprechend dieser Betrachtung und nach Gl. 2.12 würde der oberste Wert nur als Ausreißer bewertet, wenn dieser gleich oder größer als 26,55 wäre.

2.3.2.2   Ausreißertest nach Nalimov

Dieser Ausreißertest nach Nalimov[VI] ist sehr leicht anzuwenden und wird gern bei der Bewertung von „verdächtigen" Messwerten eingesetzt. Voraussetzung ist auch bei diesem Test, dass insgesamt mindestens drei Messwerte vorliegen müssen ($n \geq 3$) und dass von einer statistisch normalverteilten Grundgesamtheit ausgegangen werden kann. Die Standardabweichung s sowie der Mittelwert $\overline{x}$ dieser Werte wird als bekannt vorausgesetzt.

Die Bewertungsgröße des Nalimov-Tests γ_i zeigt an, ob ein bestimmter Wert x_i aus der Gruppe aller Werte aufgrund der Abweichung vom Mittelwert $\overline{x}$ als Ausreißer angesehen werden muss. Diese Abweichung wird auf das Vielfache der empirischen Standardabweichung der Stichprobe bezogen und mit dem Stichprobenumfang N gewichtet:

$$\gamma_i = \frac{|x_i - \overline{x}|}{s} \sqrt{\frac{N}{N-1}} \tag{2.13}$$

Für hinreichend große Stichprobenumfänge N stellt Gl. 2.13 den Wert der standardisierten statistischen Normalverteilung dar. Werte von γ_i größer als 3 oder 4 entsprechen in diesem Fall Abweichungen von entsprechenden Vielfachen der empirischen Standardabweichung und können im allgemeinen als Ausreißer gekennzeichnet werden, wenn vorher keine andere Vereinbarung getroffen worden ist. Kleine Stichprobenumfänge führen zu einer Erhöhung der Bewertungsgröße γ_i dieses Tests (siehe Gl. 2.13) und der entsprechende Vergleichswert γ_N wird aus einer Tabelle der Nalimov-Werte entnommen. Ist die Bedingung $\gamma_i \geq \gamma_N$ erfüllt, handelt es sich bei dem fraglichen Wert um einen Ausreißerwert.

An dieser Stelle sei davor gewarnt, Abweichungen von Einzelwerten innerhalb von 3 sigma um den Mittelwert der Stichprobe ohne weitere Überprüfung als Ausreißer zu bewerten, da innerhalb dieses Bereiches die erwartete Häufigkeit von Messwerten bereits zu groß ist, um allgemein von Ausreißern sprechen zu können. Der hier vorgestellte Ausreißertest nach Nalimov wird in dieser Hinsicht als sehr scharf bewertet und neigt dazu, eher mehr als zu wenige Messwerte zu eliminieren.

Häufig werden für den Vergleichswert γ_N des Nalimov-Tests unterschiedliche Werte der statistischen Sicherheit berücksichtigt (95 %; 99 %; 99,5 %), was diesen Test zusätzlich verschärft. Um Ausreißerwerte mit der erforderlichen hohen statistischen Sicherheit zu erkennen, enthält die nachfolgende Tabelle Nalimov-Vergleichswerte γ_N in Abhängigkeit des Stichprobenumfanges $N \geq 3$ für eine 99,9 % statistische Sicherheit:

N	$\gamma_{N;0,1\%}$	N	$\gamma_{N;0,1\%}$
3	1,414	16	2,874
4	1,73	18	2,921
5	1,982	20	2,959
6	2,178	22	2,99
7	2,329	27	3,047
8	2,447	33	3,085
9	2,54	42	3,134
10	2,616	50	3,166
11	2,678	100	3,227
12	2,73	200	3,265
13	2,812	500	3,279

2.3.2.3   Ausreißertest nach Grubbs

Der Ausreißertest nach Grubbs[VII] kann ebenfalls ab einem Stichprobenumfang von 3 Messwerten angewandt werden und ist ab einem Stichprobenumfang von 30 Messwerten zu empfehlen. Wird ein Wert x_i einer Stichprobe auf seine Eigenschaft als Ausreißer untersucht, ist dazu wie schon beim Nalimov-Test der Betrag der Abweichung dieses Wertes x_i vom Mittelwert $\overline{x}$ aller Stichprobenwerte in Vielfachen der Standardabweichung s dieser Stichprobe zu berechnen:

$$g_i = \frac{|x_i - \overline{x}|}{s} \tag{2.14}$$

Wenn die Bewertungsgröße g_i entsprechend Gl. 2.14 einen kritischen Wert g_{krit} übersteigt, welcher typisch im Bereich von 3 bis 4 s liegt, wird der Wert als Ausreißer gekennzeichnet. Der kritische Wert g_{krit} berechnet sich aus folgender Formel (t ist das Quantil der Student-Verteilung):

$$g_{krit} = \frac{N-1}{\sqrt{N}} \sqrt{\frac{t^2_{\frac{\alpha}{2n},N-2}}{N-2+t^2_{\frac{\alpha}{2n},N-2}}} \tag{2.15}$$

Die Werte der Bewertungsgröße g_{krit} des Grubbs-Tests für eine statistische Sicherheit $1 - \alpha$ von 99,5 % sind nachfolgend aufgelistet:

N	$g_{krit;0,5\%}$	N	$g_{krit;0,5\%}$	N	$g_{krit;0,5\%}$
3	1,155	15	2,895	90	3,862
4	1,498	16	2,945	100	3,900
5	1,773	17	2,991	150	4,038
6	1,993	18	3,032	200	4,127
7	2,171	19	3,071	250	4,192
8	2,316	20	3,106	300	4,243
9	2,438	30	3,359	350	4,284
10	2,542	40	3,512	400	4,319
11	2,631	50	3,619	450	4,350
12	2,709	60	3,700	500	4,376
13	2,778	70	3,764	700	4,459
14	2,840	80	3,817	1000	4,542

2.3.3   Hypothesen bezogene Ausreißertests

Ausreißertests dieser Gruppe schließen einzelne Werte so aus, dass mit entsprechenden statistischen Tests (Z-Test, T-Test, F-Test etc.) die Zugehörigkeit der übrigen Werte zu einer statistischen Grundgesamtheit nicht abgelehnt werden muss. Dies betrifft insbesondere Annahmen die Zugehörigkeit der Werte zu einem statistischen Modell betreffend bzw. zur Dichte dieser Werte zu einer bereits bekannten und ermittelten Dichte anderer Werte aus vorangegangenen Untersuchungen. Diese Tests setzen eine entsprechende Hypothese vor Beginn der Untersuchung voraus und haben praktisch sehr große

Bedeutung, da die entsprechende Hypothese statistisch belegt werden kann und auf das explizite Ermitteln der Häufigkeitsverteilung dieser Werte verzichtet wird. Es liegt durchaus im Sinne eines Ausreißertests, dass auf einzelne „störende" Messwerte verzichtet wird, jedoch ist darauf zu achten, dass diese Messwerte in jedem Fall auch die Kriterien für Ausreißerwerte erfüllen, wie es eingangs in Abschnitt 2.3 erläutert wurde. Zur Durchführung dieser Tests sei an dieser Stelle auf Abschnitt 3.1 verwiesen.

2.4   Grafische Darstellung von Daten

Die grafische Darstellung von Zusammenhängen zwischen Daten, sogenannten x,y-Werten, oder die Veranschaulichung der Eigenschaften von Daten hinsichtlich deren Dichte, Streuung und Lage im Vergleich zu anderen Datengruppen ist ein ganz wesentlicher Bestandteil einer Untersuchung, da es das Verständnis fördert. Die geeignete grafische Darstellung kann darüber hinaus von wesentlicher Bedeutung für die Bewertung einer Arbeit sein, wenn es etwa um die Präsentation oder die Verteidigung von Untersuchungsergebnissen geht. Da fast immer Zusammenhänge zwischen mehreren oder gar vielen Datengruppen gezeigt werden müssen, sind die Grenzen der grafischen Darstellbarkeit schnell erreicht. Zweidimensionale Darstellungen sind sehr flexibel und daher häufig zu finden, da diese allgemein leicht verständlich sind. Außerdem erlauben diese Darstellungen das direkte Ablesen und Vergleichen von Werten, was für eine genaue Betrachtung der Werte oft hilfreich ist. Höherdimensionale Darstellungen stellen meist hinsichtlich des Verständnisses höhere Anforderungen an den Betrachter und sind daher genau abzuwägen. Der angestrebte räumliche Eindruck von Zusammenhängen in solchen Darstellungen geht meist zu Lasten der genauen Ablesbarkeit und Zuordnung einzelner Werte und sich überlagernde Flächen sind kaum darstellbar.

Die im Folgenden angeführten Beispiele beziehen sich daher auf unterschiedliche Formen zweidimensionaler Darstellungen insbesondere für den Vergleich von Datengruppen untereinander.

2.4.1   Box-Whisker-Plot

Die statistischen Eigenschaften von Daten hinsichtlich ihrer Dichte und Verteilung wurden schon in Abschnitt 2.1 besprochen, für deren Darstellung der Box-Whisker-Plot einen sehr guten Überblick bietet und daher allgemeine Verwendung findet. In dieser Darstellung wird der Bereich, in welchem sich 50 % der Daten befinden, durch eine „Box" dargestellt, wie es in Abb. 2.11 durch Rechtecke angezeigt wird. Jener Bereich, in welchem sich 95 % der Daten befinden, wird durch „Whisker" verdeutlicht (siehe Abb. 2.11), welche auch in anderen Darstellungen häufig als Fehlerbalken Verwendung finden. Neben den Angaben zu den Verteilungen der Daten mittels „Box" und „Whisker" enthält diese Darstellung zusätzlich Markierungen für den Mean und Mittelwert der betrachteten Stichprobe, welche typisch als Querstrich innerhalb des 50 % Bereiches (Mean) und als Symbol (Mittelwert), z. B. einen Kreis, gekennzeichnet werden. Es gibt in verschiedenen Softwarepaketen unterschiedliche weitere Angaben in der Darstellung eines Box-Whisker-Plots. So können auch z. B. Vertrauensbereiche von Stichproben-

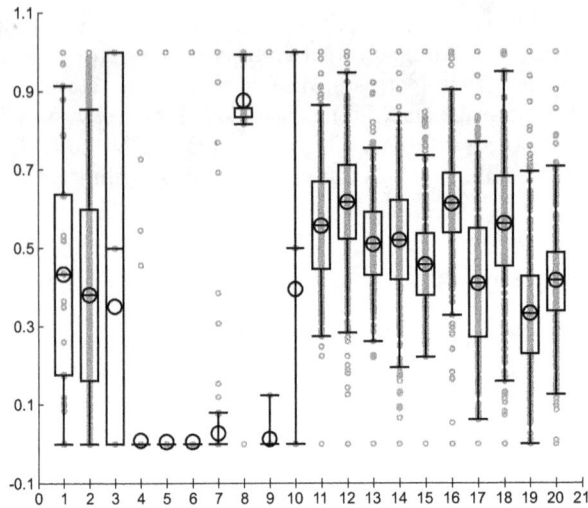

Abb. 2.11: *Box-Whisker-Plot für den Vergleich von Stichprobenmerkmalen verschiedener Datensätze (hier Datensätze 1-20). Die Werte je Datensatz wurden auf den Bereich 0 bis 1 normiert, um eine bessere Vergleichbarkeit zu gewährleisten.*

merkmalen zusätzlich dargestellt werden. In jedem Fall ist es ratsam, das Handbuch oder die Online-Hilfe der jeweiligen Software zu konsultieren.

Abb. 2.11 zeigt neben den Einzelwerten die Box-Whisker-Plots für die Stichprobeneigenschaften mehrerer Datengruppen, wobei jede Datengruppe auf der Abszisse durch eine Nummer gekennzeichnet wurde. Die Ordinate in Abb. 2.11 zeigt den Wertebereich der Einzelwerte an. Der besseren Vergleichbarkeit wegen wurden alle in Abb. 2.11 dargestellten Datengruppen auf den Wertebereich 0 bis 1 normiert. Die Darstellung in Abb. 2.11 erlaubt nun einen sehr anschaulichen Vergleich der Eigenschaften verschiedener Datengruppen hinsichtlich deren Dichte. Die meisten Datengruppen in Abb. 2.11 sind scheinbar normalverteilt um einen Mittelwert, welcher sehr nahe am Median der Verteilung liegt (siehe Datengruppen 11–19, Abb. 2.11). Einzelne Datengruppen sind jedoch offensichtlich nicht symmetrisch verteilt, da der Median von der Lage des Mittelwertes deutlich abweicht (siehe Datengruppen 3, 7–10 in Abb. 2.11), ja sogar außerhalb des 50 % Bereiches der Dichte aller Werte liegen kann (siehe Datengruppen 8, 10 in Abb. 2.11). Bei näherer Betrachtung von Abb. 2.11 wird darüber hinaus deutlich, dass z. B. die Werte der Datengruppen 1 und 9 einseitig verzerrte Dichten haben, sich also mehr Werte im unteren Wertebereich befinden, und dass z. B. die Streuung der Werte der Datengruppe 2 größer als die von Datengruppe 19 ist, wenn die Breite des 50 % Bereiches der jeweiligen Gruppen verglichen wird.

2.4.2   Parameterspuren

Werden verschiedene Datensätze für eine Vielzahl gleicher Produkte im Verlaufe eines Fertigungsprozesses gewonnen, ist neben der Betrachtung der Verteilung dieser Werte

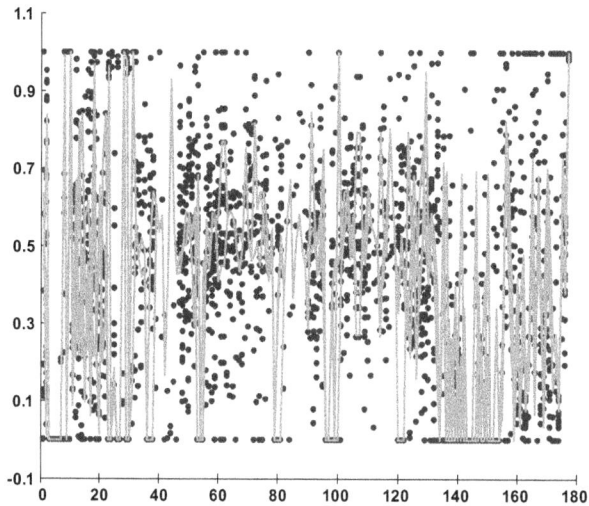

Abb. 2.12: *Darstellung der Parameterspuren aus 178 Datensätzen. Die Werte je Datensatz, welche z. B. zum gleichen Produkt innerhalb einer ausgewählten Gruppe gehören, werden mit einer Linie verbunden. Die so erzeugten „Parameterspuren" können farblich oder durch Symbole voneinander unterschieden werden.*

innerhalb eines jeden Datensatzes, wie es z. B. beim Box-Whisker-Plot erfolgt, auch der Zusammenhang zwischen den Datensätzen für jedes einzelne Produkt interessant, wie es die Darstellung der Parameterspuren ermöglicht. In dieser Darstellung können z. B. die jeweiligen Werte der Merkmale für Produkte mit herausragenden Eigenschaften im Vergleich zu anderen Produkten veranschaulicht werden. Soll bspw. gezeigt werden, bei welchen Fertigungsmerkmalen sich die 5 % der herausragenden Produkte von den anderen Produkten unterscheiden, ist eine Grafik der Parameterspuren hilfreich. In der grafischen Darstellung der Parameterspuren werden dazu jene Werte in jedem Datensatz mit einer Linie verbunden, welche zum gleichen Produkt gehören. Aus der Überlagerung aller Linien bzw. Symbole erhält man einen guten Überblick, in welchen Bereichen die Werte bestimmter Fertigungsmerkmale liegen, die zu den herausragenden Produkteigenschaften geführt haben. Dies ist ganz im Sinne einer Parameterspur, welche die hervorragenden Produkte im Produktionsprozess hinterlassen haben. In Abb. 2.12 wurde dieses Verfahren auf 178 Datensätze angewandt. Werte einzelner Datensätze, welche zu den ausgewählten Produkten gehören, wurden dabei mit Linien verbunden. Aus der so gewonnenen grafischen Darstellung der „Parameterspuren" lassen sich wertvolle Hinweise z. B. für die Fertigungsoptimierung ableiten und begründen.

2.4.3   Radarplot

Verschiedene Prozessmerkmale haben fast immer individuell verschiedene Zielwerte und sind bezogen auf deren Lage zu diesem Zielwert zu überwachen und geeignet darzustellen. Dabei sollen alle Prozessmerkmale möglichst gleichzeitig den jeweils vorgegebenen Zielwert erreichen oder innerhalb einer vorgegebenen betragsmäßigen Abweichung lie-

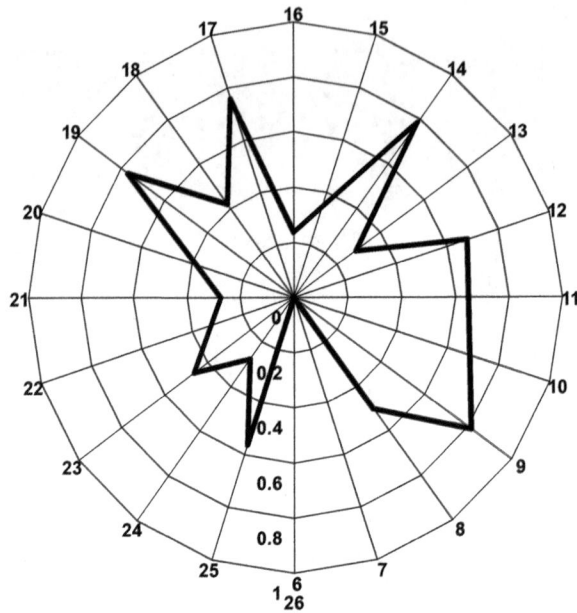

Abb. 2.13: *Darstellung der Prozesslage basierend auf den Mittelwerten von 20 Merkmalen und bezogen auf den jeweiligen Zielwert.*

gen. Für die Überwachung dieser Abweichungen von vielen Prozessmerkmalen bezogen auf die jeweiligen Zielwerte ist ein Radarplot[1][VIII]bestens geeignet. Wichtig ist, dass die Werte der Prozessmerkmale nicht direkt, sondern z. B. als Betrag der Abweichung vom Zielwert aufbereitet werden, da somit der Zielwert aller Prozessmerkmale im Zentrum des Radarplots liegt („da wo wir hin wollen"). Ein Radarplot erlaubt in diesem Fall die gleichzeitige Darstellung der Abweichungen dieser Merkmale (oft auch als Prozesslage bezeichnet) als Gesamtüberblick und ermöglicht somit zielgerichtet auf die aktuellen Schwankungen der Prozesslage entsprechend zu reagieren. Häufig werden konzentrische Kreise um das Zentrum eines Radarplots benutzt, um Abweichungen im Sinne von Warn- und Kontrollgrenzen zu bewerten. Diese Abweichungen werden für die statistische Qualitätskontrolle häufig als Differenz Δ aus Mittelwert $\bar{x}$ und Sollwert μ geteilt durch die Standardabweichung s angeben: $\Delta = |\frac{\bar{x}-\mu}{s}|$. In Abb. 2.13 ist die Prozesslage für die Mittelwerte von 20 Merkmalen als Radarplot dargestellt. Dabei wurden die einzelnen Wertebereiche der Merkmale auf den Bereich 0 bis 1 normiert.

2.4.4   Kurvenscharen

Die Darstellung mehrerer Grafen in einer gemeinsamen Darstellung dient vor allem der besseren Vergleichbarkeit untereinander bzw. der Darstellung eines gemeinsamen Zusammenhanges, welchem die Grafen zuzuordnen sind, und dem möglichst genau-

---

[1]Diese Form der Darstellung geht auf Prof. Werner Gilde zurück und wurde auch als „ZIS-Spinne" bezeichnet.

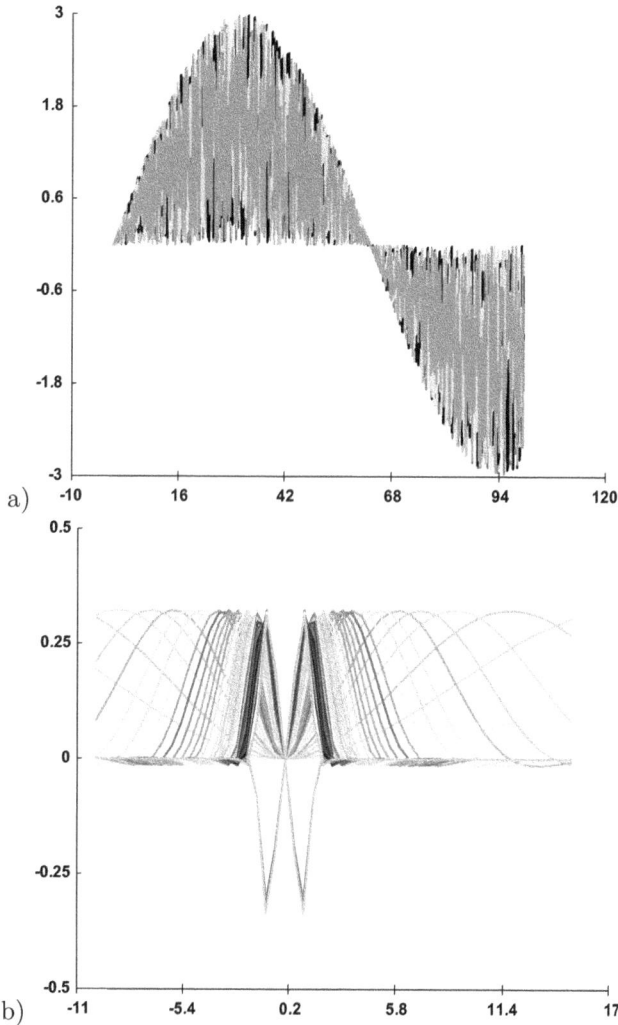

Abb. 2.14: *Beispiele für die überlagerte Darstellung von mehreren Grafen.*

en Vergleich einzelner Werte untereinander. Je nach Art des Zusammenhangs und in Abhängigkeit davon, welcher Eindruck vermittelt werden soll, gibt es unterschiedliche Darstellungsmöglichkeiten für die einzelnen Grafen. Abb. 2.14 zeigt zunächst zwei grafische Darstellungen, welche durch die einfache Überlagerung von jeweils mehreren Grafen entstanden sind. Diese Darstellungen in Abb. 2.14 werden jedoch möglicherweise dem Anliegen nicht gerecht und als unübersichtlich empfunden, weil ein Zusammenhang zwischen den Datensätzen schwer zu entnehmen ist.

Eine einfache Möglichkeit, die Vorteile einer zweidimensionalen Darstellung beizubehalten und dennoch mehrere Grafen übersichtlich nebeneinander zu präsentieren ergibt

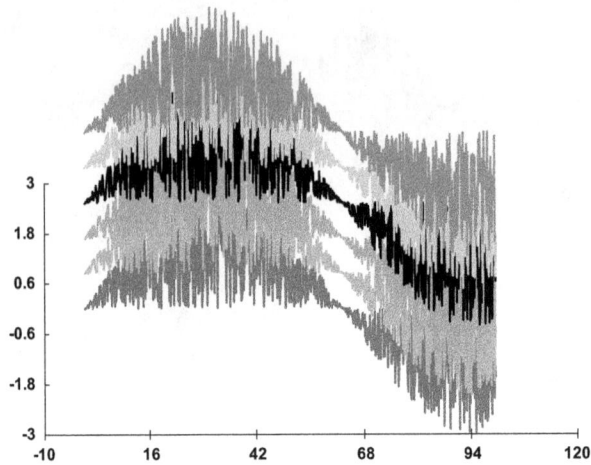

Abb. 2.15: *Beispiel für die überlagerte Darstellung von mehreren Datensätzen unter Zuhilfenahme einer additiven Konstanten, um die Grafen zu separieren (vergl. Abb. 2.14a).*

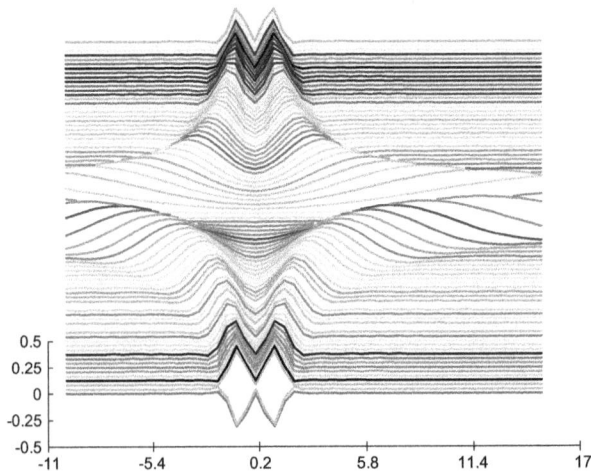

Abb. 2.16: *Beispiel für die überlagerte Darstellung von mehreren Datensätzen unter Zuhilfenahme einer additiven Konstanten und der Option „versteckte Linien", um die Grafen zu separieren und deren Überschneiden zu vermeiden (vergl. 2.14b).*

sich, wenn jeder Graph durch das Hinzufügen einer additiven Konstante von dem vorangegangenen Grafen separiert wird, wie es Abb. 2.15 zeigt.

Insbesondere wenn Zusammenhänge von Daten in einer Ebene dargestellt werden sollen, ermöglichen einige Grafikprogramme neben der Option, eine additive Konstante für jeden Grafen hinzuzufügen, auch die Option „versteckte Linien" (engl.: „hidden lines") zu wählen. Damit ist gemeint, dass ein nachfolgender Graf in der Darstellung einen

Vorangegangenen nicht überschneidet, wie es Abb. 2.16 zeigt. Diese Darstellung ist insbesondere auch dann zu empfehlen, wenn Maxima der Datensätze, sog. „peaks", in der grafischen Darstellung betont werden sollen.

2.4.5   Darstellung von Residuen

Die Darstellung der Residuen ist vor allem bei der Diskussion von statistischen Modellen und deren Anpassung an Messwerte interessant. In Abb. 2.17 ist ein Lage eines solchen Modells (durchgezogene Linie) bezogen auf die dem Modell zugrunde liegenden Messwerte (Punkte) gezeigt. Die Beurteilung, ob die linearen Abweichungen dieser Messwerte von dem Modell rein zufällig sind oder systematischen Einflüssen unterliegen, ist mittels einer geeigneten mathematischen Bewertungsgröße kaum möglich. Aus diesem Grund werden die linearen Abweichungen bezogen auf den Modellverlauf gern zusätzlich bei der Bewertung des Modells als Residuengrafik dargestellt, wie es in Abb. 2.17 durch eine Balkendarstellung erfolgt ist. Anhand dieser Balkendarstellung in Abb. 2.17 ist abzulesen, dass mit kleiner werdenden Werten auf der Abszisse die Abweichung der Messwerte von den Werten des Modells deutlich zunimmt. Die Vorhersagegenauigkeit des Modells daher um so größer ist, je größer die Werte auf der Abszisse sind.

Ist der Graph des Modells selbst nichtlinear oder oszillierend, hilft die Darstellung der Residuen sehr, um die Güte der Anpassung des Modells an die Messwerte lokal zu bewerten, da es sich hierbei um eine linearisierte Darstellung handelt.

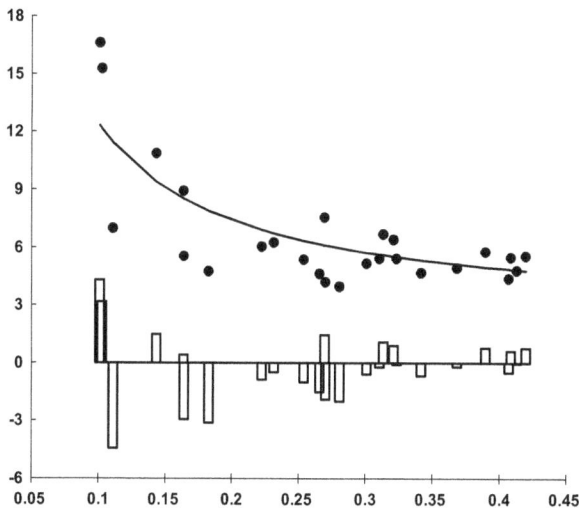

Abb. 2.17: Gemeinsame Darstellung von Messwerten (Punkte) und einem angepassten Modell (Linie) sowie der Residuen (Balken), welche die linearen Abweichungen der Messwerte vom Modell beinhalten.

2.4.6   Mehrdimensionale Ausgleichsfunktion

Die Aufgabe von Ausgleichsfunktionen ist es, einen Zusammenhang zwischen Daten herzustellen, d. h. innerhalb des Bereiches der Messwerte weitere Werte durch Interpolation zu erzeugen, ohne auf ein konkretes mathematisches Modell Bezug zu nehmen. Selbstverständlich muss der den Daten zugrunde liegende Zusammenhang eine Interpolation rechtfertigen können. Zwischen Merkmalen, welche nur Eigenschaften wie „An" oder „Aus" haben, ist eine Interpolation jedoch selten sinnvoll. Ebenso verhält es sich, wenn z. B. Umfrageergebnisse zwischen verschiedenen geografischen Regionen interpoliert werden sollen.

Um einen funktionalen Zusammenhang zwischen empirisch erhobenen Daten zu erkennen, bedarf es fast immer sogenannter Ausgleichsfunktionen, da die einzelnen Werte häufig einer Streuung unterliegen. Die angewandte Ausgleichsfunktion soll dabei möglichst leicht zu berechnen und einfach zu handhaben sein, d. h. möglichst nur von einem Parameter abhängen, welcher die Schmiegsamkeit bzw. Steifheit des Grafen der Ausgleichsfunktion beeinflusst. Der bei der Berechnung des Ausgleichsgrafen angewandte mathematische Algorithmus spielt eine untergeordnete Rolle, da Ausgleichsfunktionen, im Gegensatz zu statistischen Modellen, wie diese bspw. bei der Regression angewandt werden, keine geeignete Struktur besitzen, die eine Interpretation des gefundenen Zusammenhanges zwischen den Daten erlaubt.

Insbesondere wenn ein wesentlicher Zusammenhang durch eine Ausgleichsfunktion höherdimensional dargestellt werden soll (z. B. Ausgleichgraf für xyz-Werte), muss die angewandte Ausgleichsfunktion jedoch eine Extrapolation an den Grenzen des Wertebereiches der Daten erlauben, da nicht davon ausgegangen werden kann, dass an allen Randpunkten eines mehrdimensionalen Bereiches Werte vorliegen. Wie es später am Beispiel statistischer Versuchspläne noch gezeigt wird, ist es typisch für experimentelle Untersuchungen, dass nicht alle Randwerte vorliegen, was bei der Interpretation der Ausgleichsflächen zu berücksichtigen ist.

Die hier vorgestellte Ausgleichsfunktion erfüllt all diese Anforderungen und ermöglicht darüber hinaus, den gefundenen Zusammenhang zwischen den Daten analytisch zu differenzieren und zu integrieren, was bei der Datenanalyse und Interpretation von physikalisch/technischen Messwerten oft von Vorteil ist, um z. B. die Änderung von Messwerten darzustellen.

In dem hier vorgestellten Verfahren ergibt sich der Wert der Ausgleichsfunktion $\hat{y}(x'_1, x'_2 ... x'_N)$ an der Stelle $x'_1, x'_2 ... x'_N$, ausgehend von K Messwerten $y_k = f(x_{1,k}, x_{2,k}, ... x_{N,k})$ $(k = 1..K)$, welche von N beliebig vielen Einflussgrößen abhängen können, entsprechend der Funktion in Gl. 2.16. Diese Ausgleichsfunktion basiert auf einer Wichtungsfunktion w, dem Abstand $r' - r_k$ des berechneten Wertes an der Stelle r' zu einem Messwert r_k und einem empirischen Wichtungsfaktor g, welcher die Steifheit der Ausgleichsfunktion beeinflusst:

$$\hat{y}(x'_1, x'_2, ... x'_N) = \frac{\sum_{k=1}^{K} y_k \, w(g, r' - r_k)}{\sum_{k=1}^{K} w(g, r' - r_k)}$$

$$\text{mit } r' - r_k = \sqrt{\sum_{j=1}^{N} \left(x'_j - x_{,j,k} \right)^2}$$

(2.16)

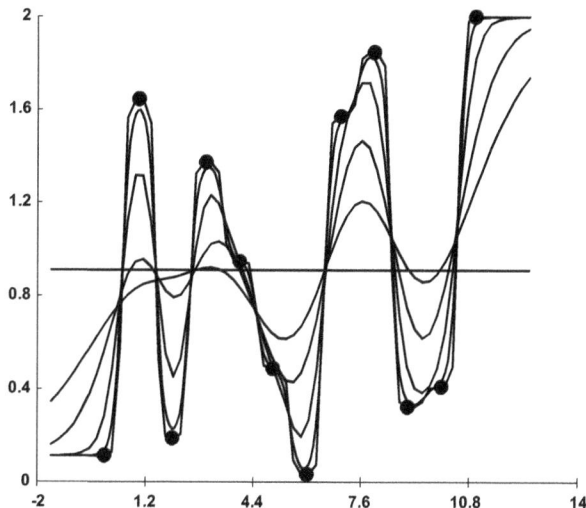

Abb. 2.18: *Anpassung der Ausgleichsfunktion entsprechend Gl. 2.16 an Datenpunkte mit der Wichtungsfunktion entsprechend Gl. 2.17. Für g = 0 entspricht der Graf den Mittelwerten aller Y Werte, g = 500 erzeugt einen Ausgleichsgrafen der nahezu einer Stufenfunktion entspricht. Die Messwerte sind als Kreise dargestellt. Um das Verhalten der Ausgleichfunktion am Rande des Wertebereiches darzustellen, wurden die Ausgleichsgrafen extrapoliert.*

Wie es in Gl. 2.16 gezeigt ist, wird der Abstand $r' - r_k$ aus der karthesischen Länge der Abweichungen der einzelnen Koordinaten berechnet. Je nach Dichte der vorliegenden Messwerte und in Abhängkeit des gewünschten grafischen Ergebnisses kann g frei gewählt werden werden.

Die Wichtungsfunktion w in Gl.2.16 ermittelt den Wert der Ausgleichsfunktion $\hat{y}$ in Abhängigkeit dieses Abstandes r' und des Wichtungsfaktors g. Eine typische Wichtungsfunktion w in Gl. 2.16 bewertet den Abstand des interpolierten Wertes $\hat{y}$ zu den Messwerten y exponentiell und benutzt dazu die Gauß-Funktion, wie es Gl. 2.17 zeigt:

$$w_i = e^{-g\left(r' - r_k\right)^2} \tag{2.17}$$

Somit wird der interpolierte Wert von den Messwerten in der unmittelbaren Umgebung stärker als von den Messwerten in größerer Entfernung beeinflusst. Große Werte von g verstärken diesen Effekt, kleine Werte des Wichtungsfaktors bewirken einen stärkeren Einfluss von räumlich weiter entfernten Messwerten auf den Wert der Ausgleichsfunktion an der Stelle r'. Abb. 2.16 zeigt die Anwendung der Ausgleichsfunktion in Gl. 2.16 mit einer exponentiellen Wichtungsfunktion entsprechend Gl. 2.17 und für unterschiedliche Wichtungsfaktoren g.

Neben der exponentiellen Wichtungsfunktion in Gl 2.16, welche sich in der täglichen Arbeit mit Messwerten bewährt hat, können auch andere Wichtungsfunktionen verwendet werden, sollte dies dem gewünschtem Grafen der Ausgleichsfunktion besser entsprechen. Insbesondere wäre hier die logarithmische Ausgleichsfunktion $w_i = 1/log|r'_i + \varepsilon|$ zu nennen, welche durch einen Parameter $\varepsilon > 0$ als Wichtungsfaktor beeinflusst werden kann.

Wurde ein Graph einer Ausgleichsfunktion gefunden, ist es neben der grafischen Darstellung der interpolierten Werte sinnvoll, diese Ausgleichswerte auch mathematisch zu nutzen. Eine Anwendung dazu ist es, Ausgleichswerte zu verwenden, um einzelne wenige fehlende Messwerte zu ersetzen oder den Einfluss eines einzelnen Messwertes auf das Gesamtergebnis durch die Verwendung von Ausgleichswerten zu überprüfen. Dies ist Gegenstand der Untersuchungen zu „Missing Values" im Abschnitt 4.2.3.

2.4.7   Differenzierte und integrierte Ausgleichsfunktion

Da nicht nur die Messwerte selbst, sondern auch deren Änderungen bei der Datenanalyse von Interesse sind, ist neben dem Ausgleichsgrafen selbst auch dessen Änderung, welche mathematisch durch Differentation berechnet werden kann, von Interesse. Die Anwendung der differenzierten Ausgleichsfunktion schließt auch die Anwendung der kumulierten (integrierten) Ausgleichsfunktion mit ein, denn in Untersuchungen werden häufig nur die Änderungen von Vorgängen in Form von Messwerten erfasst. Um die eigentliche Information zu erhalten, ist es in diesen Fällen erforderlich, neben der Ausgleichsfunktion der Messwerte auch dessen integriertes Signal zu Verfügung zu haben. Um die integrierten bzw. differenzierten Signale einer Ausgleichsfunktion zu berechnen, ist allgemein vorauszusetzen, dass die Ausgleichsfunktion selbst analytisch differenzierbar bzw. integrierbar ist. Betrachtet man den eingangs geschilderten Zusammenhang in Gl. 2.16, dass ein Ausgleichswert $\hat{y}(x'_1, x'_2...x'_N)$ bzw. $\hat{y}(r')$ aus den Messwerten $y_k = f(x_{1,k}, x_{2,k}, ...x_{N,k})$ bzw. $y_k = f(r_k)$ ($k = 1..K$) mit Hilfe einer Wichtungsfunktion G ermittelt werden kann, ist gegeben ($r' - r_k$ ist der Abstand zwischen dem Ausgleichswert $\hat{y}$ und den Messwerten y_k, g ist ein Wichtungsfaktor):

$$\hat{y}(r') = \sum_{k=1}^{K} G(y_k, r' - r_k, g) \tag{2.18}$$

Die Differenzierung bzw. Integration von Gl. 2.18 ergibt das differenzierte ($\hat{y}_{diff}$) bzw. integrierte Signal ($\hat{y}_{int}$) der Ausgleichsfunktion:

$$\hat{y}_{diff}(r') = \sum_{k=1}^{K} \frac{\partial}{\partial r'} G(y_k, r' - r_k, g) \tag{2.19}$$

$$\hat{y}_{int}(r') = \sum_{k=1}^{K} \int G(y_k, r' - r_k, g)\, dr' \tag{2.20}$$

Unter Verwendung von Gl. 2.16 wird das Signal der differenzierten Ausgleichsfunktion mit Berücksichtigung der Wichtungsfunktion w berechnet:

$$\hat{y}_{diff} = \frac{\sum_{k=1}^{K} y_k \frac{\partial}{\partial r'} w(g, r' - r_k) \sum_{k=1}^{K} w(g, r' - r_k)}{\left[\sum_{k=1}^{K} w(g, r' - r_k)\right]^2}$$
$$- \frac{\sum_{k=1}^{K} y_k\, w(g, r' - r_k) \sum_{k=1}^{K} \frac{\partial}{\partial r'_k} w(g, r' - r_k)}{\left[\sum_{k=1}^{K} w(g, r' - r_k)\right]^2} \tag{2.21}$$

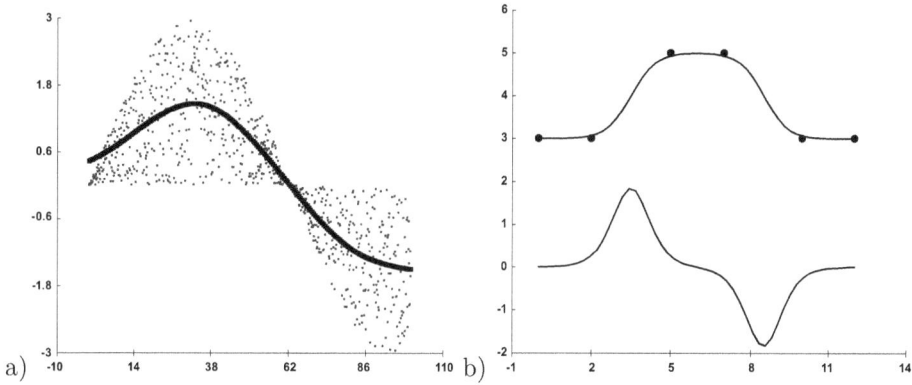

Abb. 2.19: *Ausgleichsfunktion für Werte mit einer Streuung (a) und 6 einzelne Messwerte (b).*
Für die Ausgleichsfunktion in Darstellung (b) wurde das differenzierte Signal mit angegeben.
Die Messwerte sind durch Kreise gekennzeichnet, die Grafen der Ausgleichsfunktionen wurden
jeweils mit 50 Werten berechnet und sind durch Linien dargestellt.

Der Term $\frac{\partial}{\partial r_k} w\left(g, r' - r_k\right)$ der differenzierten Wichtungsfunktion in Gl. 2.21 ergibt
sich bei Verwendung der Gaußschen Wichtungsfunktion (siehe Gl. 2.17) entsprechend
Gl. 2.22 und muss in den Termen der Summationen von Gl. 2.21 berücksichtigt werden:

$$\frac{\partial}{\partial r'} e^{\left[-g\left\{\left(x'_1 - x_{1,k}\right)^2 + ..\left(x'_N - x_{N,k}\right)^2\right\}\right]}$$

$$= -2\,g\,\left[\left(x'_1 - x_{1,k}\right)^2 + ..\left(x'_N - x_{N,k}\right)^2\right] \tag{2.22}$$

$$\times e^{\left[-g\left\{\left(x'_1 - x_{1,k}\right)^2 + ..\left(x'_N - x_{N,k}\right)^2\right\}\right]}$$

Um das integrierte Signal des Ausgleichsgrafen entsprechend Gl. 2.20 mit Hilfe der
Gaußschen Wichtungsfunktion in Gl. 2.17 zu berechnen, ist die partielle Integration
anzuwenden:

$$\hat{y}_{int}\left(r'_L\right) = \int_{-\infty}^{L} \frac{\sum_{k=1}^{K} y_k\, w\left(g, r' - r_k\right)}{\sum_{k=1}^{K} w\left(g, r' - r_k\right)}\, dr'$$

$$= \sum_{k=1}^{K} y_k \int \frac{e^{-g\left(r' - r_k\right)^2}}{\sum_{i=1}^{K} e^{-g\left(r' - r_i\right)^2}}\, dr' + C \tag{2.23}$$

Das Integral in Gl. 2.23 führt jedoch auf eine Reihenentwicklung, deren Konvergenz
nicht für alle Werte gesichert werden kann. Wie es Gl. 2.24 zeigt, kann jedoch die
Ausgleichsfunktion auch näherungsweise aus der Summation der linksseitigen Werte
berechnet werden. Diese Näherung liefert bei hinreichend vielen Werten der Ausgleichs-

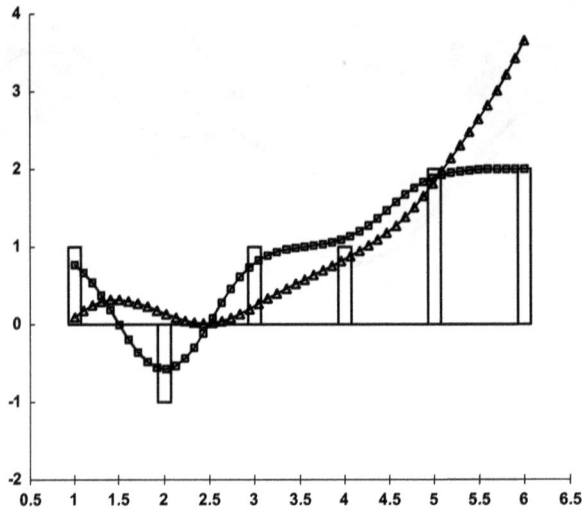

Abb. 2.20: *Berechnete Ausgleichsfunktion (Quadrate) für 6 Messwerte (Balken) sowie das integrierte Signal der Ausgleichsfunktion (Dreiecke).*

funktion und für grafische Darstellungen recht gute Ergebnisse, wie es am Bsp. von Abb. 2.20 zu sehen ist.

$$\int_{-\infty}^{L} \frac{\sum_{k=1}^{K} y_k \, w\big(g, r' - r_k\big)}{\sum_{k=1}^{K} w(g, r' - r_k)} \, dr'$$

$$\sim \sum_{i=1}^{L} \frac{\sum_{k=1}^{K} y_k \, e^{-g\left(r_i' - r_k\right)^2}}{\sum_{k=1}^{K} e^{-g\left(r_i' - r_k\right)^2}} \tag{2.24}$$

3 Statistischer Aussagegehalt von Daten

3.1 Test von statistischen Eigenschaften

3.1.1 Signifikanz, Relevanz und Zufallsstreubereich

Signifikanz: Der in der Statistik verwendete Begriff der Signifikanz beruht auf dem „Gesetz der Großen Zahlen" und gibt an, mit welcher Wahrscheinlichkeit davon ausgegangen werden kann, dass sich ein bestimmtes Ergebnis unter gleichen Randbedingungen wiederholt. Anhand der Signifikanz kann der praktische Wert einer statistischen Aussage überhaupt erst bewertet werden. Was für das tägliche Leben entscheidend sein kann, dass z. B. ein zufällig entnommener Zahlenwert gleich einem bestimmten Wert, wie etwa einer Superzahl der Lotterie ist, hat aus technisch/technologischer Sicht wenig Belang, da dieses Ereignis statistisch gesehen eine viel zu geringe Wahrscheinlichkeit hat. Die Signifikanz dieses Ereignisses, d.h die Häufigkeit des immer gleichen Ergebnisses bei allen folgenden Lotterien, ist zu gering für praktische Entscheidungen. Allgemein ist bei der Überprüfung sehr großer Datenmengen auch nicht zu erwarten, dass sich genau ein Ergebnis, z. B. genau ein Messwert, immer ganz exakt wiederholt. Bestimmte zufällige Abweichungen vom erwarteten Wert sind durchaus möglich und werden daher in die statistische Aussage mit eingeschlossen, damit statistische Aussagen mit einer bestimmten statistischen Signifikanz überhaupt sinnvoll sind.

Die Angabe der Signifikanz spielt bei Stichprobenprüfungen eine sehr wesentliche Rolle, wenn es darum geht, aufgrund entnommener einzelner Werte auf die Eigenschaften der Gesamtheit aller Werte zu schließen. Als Beispiel hierzu zeigt Abb. 3.1, mit welcher Signifikanz ein, zwei oder drei fehlerhafte Produkte in einer Gesamtlieferung von 25 Produkten aufgefunden werden, wenn nur eine Stichprobe dieser Produkte untersucht wird[1]. Entsprechend Abb. 3.1 wird bei einem Stichprobenumfang von 5 Produkten und nur einem fehlerhaften Produkt in der Charge insgesamt, dieses mit einer Wahrscheinlichkeit von weniger als 5 % gefunden. Dieser Wert stellt sich im statistischen Mittel ein, wenn immer wieder gleichartige Chargen bei gleichbleibendem Stichprobenumfang untersucht werden. Die Signifikanz einer solchen Überprüfung ist also 5 %. Der Begriff der Signifikanz ist sehr umfassend und wird auch herangezogen, um den Unterschied zwischen verschiedenen Datengruppen zu bewerten. Der zum Signifikanzniveau komplementäre Begriff ist die Irrtumswahrscheinlichkeit, welche mit α bezeichnet wird. Das Signifikanzniveau wird daher allgemein mit $1 - \alpha$ gekennzeichnet.

---

[1]Die einzelnen Grafen dieser Darstellung berechnen sich nach $P(n) = \frac{n}{25-k}$ für $0 \leq n \leq 25 - k$. Für eine detaillierte Herleitung der Berechnung wird auf das Gebiet der Stichprobenprüfverfahren verwiesen.

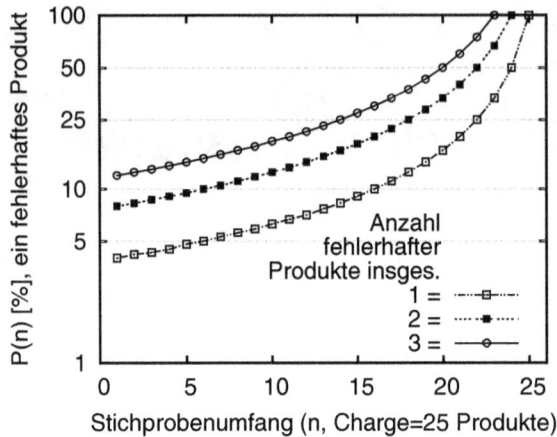

Abb. 3.1: *Signifikanz einer Stichprobenprüfung in Abhängigkeit der Anzahl getesteter Produkte bei einer Produkt-Charge von 25 Stück und 1, 2 oder 3 fehlerhaften Einheiten je Charge.*

Relevanz: Um mit Hilfe von statistischen Aussagen Argumente oder Entscheidungen begründen zu können, ist es essentiell, dass diese Aussagen eine praktische Relevanz besitzen. Es reicht also nicht den Wert für die statistische Signifikanz einer statistischen Größe anzugeben, es muss immer auch eine Bewertung erfolgen, ob diese Signifikanz ausreicht, damit die statistische Aussage als relevant betrachtet werden kann. Da für technisch relevante statistische Aussagen standardisierte Werte der Signifikanz wie 95 %, 99 % existieren, spricht man auch von vorgegebenen oder bestimmten Signifikanzniveaus. Häufig werden die Signifikanzniveaus den entsprechenden statistischen Aussagen als Symbole angefügt (95 % =„*", 99 % =„**", 99,5 % =„***"), um deren Relevanz hervorzuheben. Der Begriff der Relevanz geht jedoch noch über die Bewertung der statistischen Signifikanz hinaus und beruht z. B. auch darauf, dass die festgestellte statistische Größe mit dem zu untersuchenden Zusammenhang korreliert, was häufig mit Hilfe des statistischen Korrelationskoeffizienten begründet wird und z. B. durch statistische Versuchspläne untersucht werden kann. Relevanz beinhaltet aber auch das wie-auch-immer begründete Interesse an der statistischen Fragestellung.

Zufallsstreubereich: Den Bereich, in welchem ein messbares Ergebnis variieren kann, um dennoch von einer statistischen Aussage eingeschlossen zu werden, nennt man Zufallsstreubereich. Daraus folgt: Liegt ein Messergebnis innerhalb des festgelegten Zufallsstreubereiches, wird die Abweichung von dem erwarteten Wert als zufällig, also nicht signifikant, bewertet. Befindet sich dieser Wert jedoch außerhalb des Zufallsstreubereiches, ist die Abweichung vom erwarteten Wert als signifikant zu bewerten. Vom vorgegebenen Signifikanzniveau wird daher die Breite des Zufallsstreubereiches beeinflusst, wie es folgendes Beispiel zeigt:

In der Untersuchung zu Abb. 2.9 wurde die statistische Dichtefunktion der logarithmierten Häufigkeiten von Defektdichtewerten aus 60 Versuchen als (9,4;4,2)- normalverteilt festgestellt. Nun soll gefragt werden, wo die oberen Grenzen der einseitigen Zufallsstreu-

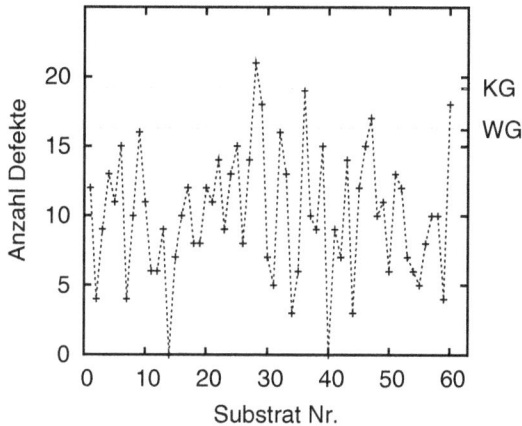

Abb. 3.2: *Defektdichte-Kontrollkarte mit oberer Warngrenze (WG) und Kontrollgrenze (KG), ermittelt aus den 95 %-igen bzw. 99 %-igen Zufallsstreubereichen von 60 Defektdichte-Messwerten.*

bereiche für die Signifikanzniveaus 90 % und 95 % liegen. D. h. es wird untersucht, in welchem Bereich ein zufällig gemessener und logarithmierter Partikelwert maximal liegen darf, um auf dem vorgegebenen Signifikanzniveau noch zur gleichen normalverteilten Grundgesamtheit aller gemessenen Partikelwerte zu gehören. Dies kann zum einen aus Abb. 2.9c grafisch entnommen werden, oder es werden die Quantile der Normalverteilung für $\Phi(9,4; 4,2; 0,95) = 16,3$ (95 % Zufallsstreubereich) bzw. $\Phi(9,4; 4,2; 0,99) = 19,2$ (99 % Zufallsstreubereich) rechnerisch bestimmt. Werden die so ermittelten Grenzen der Zufallsstreubereiche im Sinne einer Kontrollkarte für Defektdichtemesswerte interpretiert, sollten Messwerte oberhalb von 16,3* unbedingt im Sinne einer Warngrenze interpretiert werden. Defektwerte größer als 19,2** stellen dann eine Kontrollgrenzenverletzung dar und zeigen mit 99 %-iger Signifikanz, also mit einer Irrtumswahrscheinlichkeit von nur 1 %, eine tatsächliche Prozessveränderung an, welche entsprechende Korrekturmaßnahmen erfordert. Abb. 3.2 zeigt eine solche Kontrollkarte, welche auf einer Stichprobe von 60 Messwerten beruht und die Einzelwerte entsprechend ihrer gemessenen Reihenfolge enthält:

Zusammenfassend wird nun festgestellt:

> Der Zufallsstreubereich gibt an, in welchem Bereich ein zufällig ermittelter Wert liegen darf, damit dessen Abweichung vom erwarteten Wert entsprechend dem vorgegebenen Signifikanzniveau als zufällig bewertet werden kann. Statistische Aussagen sollten auf bestimmten vorgegebenen Signifikanzniveaus getroffen werden, um vereinbarungsgemäß als relevant eingestuft zu werden.

3.1.2   Hypothesen und Fehler

Um statistische Eigenschaften von Prozessen zu erkennen, ist man auf Aussagen angewiesen, welche empirisch aus Stichproben gewonnen wurden. Ist beispielsweise der Arbeitspunkt[2] eines Prozesses zu überprüfen, müssen einzelne Messungen als eine Stichprobe zusammengefasst werden. Es bleibt dann immer die Frage: Sind die Eigenschaften der Stichproben untereinander vergleichbar und kann davon ausgegangen werden, dass jede dieser Stichproben das gewünschte Prozessverhalten zum jeweiligen Zeitpunkt repräsentiert? In sehr vielen Fällen ist der Arbeitspunkt eines Prozesses bekannt bzw. vorgegeben und es soll geprüft werden, ob der aus der Stichprobe ermittelte Arbeitspunkt statistisch gesehen immer noch dem Zielwert entspricht. Ähnlich verhält es sich, wenn Lieferungen laufend aufgrund von Stichproben bewertet werden sollen, worauf später noch eingegangen wird.

Hypothesen: Die Beantwortung derartiger Fragen hängt vom Ergebnis statistischer Tests ab. Jede Eigenschaft, welche in einem statistischen Test überprüft werden soll, benötigt in der Regel einen speziellen statistischen Test. Unterschiedliche Testverfahren, z. B. zur Bewertung des Erwartungswertes oder der Standardabweichung einer Stichprobe im Vergleich zu einer Grundgesamtheit oder von Stichproben untereinander, sind entwickelt und standardisiert worden. Alle statistischen Tests beziehen sich jedoch auf Annahmen, welche Hypothesen genannt werden. Dabei gibt es zu jeder Hypothese genau eine Gegenhypothese. Beide, Hypothese und Gegenhypothese, sind untrennbar miteinander verbunden und decken den gesamten möglichen Entscheidungsraum ab. Da man sich häufig für Abweichungen interessiert, geht die Null-Hypothese, deren Bezeichnung immer H_0 oder h_0 ist, davon aus, dass es keine Unterschiede bzw. Abweichungen gibt. Bei einseitigen Fragestellungen wird H_0 gern für den häufigsten Fall verwendet. Der Grund liegt darin, dass die Gegenhypothese oder Alternativhypothese, deren Bezeichnung H_1 oder h_1 ist, nur dann als angenommen gilt, wenn H_0 verworfen werden konnte. Wurde H_0 nicht widerlegt bzw. verworfen, gilt die Hypothese H_0 immer noch nicht als angenommen. Konnte H_0 nicht verworfen werden, kann nur geschlussfolgert werden, dass es keine Bestätigung für eine Gegenhypothese gibt.

Bspw. ist eine typische Fragestellung der Statistik, ob der empirisch ermittelte Mittelwert aus zwei Stichproben A und B gleich ist. Die statistische Hypothese zu dieser Frage lautet $H_0 : \overline{x}(A) = \overline{x}(B)$ und die Gegenhypothese entsprechend $H_1 : \overline{x}(A) \neq \overline{x}(B)$. Sollte in dem entsprechenden statistischen Test die Hypothese H_0 nicht verworfen werden können, heißt dies keinesfalls, dass die Mittelwerte beider Stichproben gleich sind! In diesem Fall ist die Aussage nur, dass eine Ungleichheit der Mittelwerte dieser Stichproben statistisch nicht begründet werden kann. Soll die Gleichheit der Mittelwerte dieser Stichproben statistisch begründet werden, ist die Hypothese H_0 wie folgt neu zu formulieren: $H_0 : \overline{x}(S_1) \neq \overline{x}(S_2)$. Die Ablehnung dieser Hypothese führt dann zur statistischen Begründung der gewünschten Aussage.

Fehler: Statistische Aussagen sind fehlerbehaftet, denn auf jedem Signifikanzniveau gibt es eine Wahrscheinlichkeit für einen Irrtum (Irrtumswahrscheinlichkeit). Es ist jedoch das Verdienst der Statistik, diesen Fehler quantifizierbar zu machen. Für den Fall, dass

---

[2]Mit Arbeitspunkt ist die Summe aller Einstellwerte, Vorgaben und Randbedingungen gemeint, unter welchen z. B. ein Fertigungsprozess ausgeführt wird. Eine Überprüfung dieses Arbeitspunktes bezieht sich auf die zeitliche Stabilität dieser Größen und deren optimalen Werte.

eine Fehlentscheidung aufgrund der Ergebnisse einer statistischen Analyse getroffen wird, ist es wichtig, die möglichen Fehler genauer zu untersuchen. Dazu werden zwei Fehler unterschieden:

- Fehler 1. Art (oder α- Fehler): Dieser Fehler liegt vor, wenn H_0 irrtümlich verworfen wird. Die Wahrscheinlichkeit für diesen Fehler ist gleich der Irrtumswahrscheinlichkeit α.

- Fehler 2. Art (oder β- Fehler): Dieser Fehler liegt vor, wenn die Hypothese H_0 irrtümlich beibehalten, also nicht verworfen wird, obwohl eigentlich die Hypothese H_1 wahr ist. Die Wahrscheinlichkeit β lässt sich nicht ohne weitere Annahmen quantifizieren, da die tatsächliche Stichprobeneigenschaft, welche zur irrtümlichen Beibehaltung von H_0 führte, nicht bekannt ist.

Aus den Fehlern 1. und 2. Art lassen sich vier Entscheidungsszenarien für Hyothesentests ableiten, welche jeweils eine bestimmte Wahrscheinlichkeit dafür besitzen, dass diese Ereignisse eintreten, die sog. Risikowahrscheinlichkeit oder auch kurz Risiko genannt:

- A: H_0 wird zu Recht nicht verworfen (Risiko $1 - \alpha$).

- B: H_0 wird beibehalten, obwohl H_0 falsch ist (Risiko β).

- C: H_1 wird zu Recht angenommen (Risiko $1 - \beta$).

- D: H_1 wird angenommen, obwohl H_1 falsch ist (Risiko α)

Aus diesen vier Szenarien A bis D wird deutlich, dass die statistische Bewertung von Hypothesentests konservativ ist, dass also für die fälschliche Ablehnung einer richtigen Hypothese stets nur ein kleines Risiko besteht. Dies hat durchaus seine Berechtigung, denn in Kunden- und Lieferbeziehungen gibt es unterschiedliche Sichtweisen auf die Szenarien A-D, die Lieferanten- und die Kundensichtweise.

Nimmt beispielsweise der Lieferant aufgrund eines Stichproben-Tests die Lieferung zurück, weil die Hypothese $H_0 : \overline{x}(Vertrag) = \overline{x}(Lieferung)$ bezogen auf ein Merkmal bei einer Warenprüfung irrtümlich verworfen wird, obwohl die Lieferung tatsächlich gar nicht abweichend von der vereinbarten Eigenschaft war ("..wie später bei einer 100 % Kontrolle beim Hersteller festgestellt wurde"), liegt ein Fehler 1. Art vor. In diesem Fall besteht für die Lieferanten die Risikowahrscheinlichkeit α einer solchen Fehlbewertung zu unterliegen (Szenario D). Der Kunde hingegen kann mit einer Risikowahrscheinlichkeit $1 - \alpha$ davon ausgegangen, dass er keine Lieferung mit fehlerhaften Teilen erhält. Der Lieferant trägt hier das Risiko einen erhöhten Mehraufwand in Kauf nehmen zu müssen, da eine weitere Lieferung nötig ist. Das Risiko einer solchen Fehlentscheidung wird daher auch Lieferantenrisiko genannt.

Anders verhält es sich, wenn im oben genannten Fall die Hypothese H_0 nicht verworfen wird, ein Unterschied der Lieferung zu der vertraglich vereinbarten Eigenschaft also statistisch nicht nachweisbar ist, obwohl die Lieferung tatsächlich abweicht und damit fehlerhaft ist. In diesem Fall liegt ein Fehler 2. Art vor, welcher mit einer Wahrscheinlichkeit β eintreten wird (Szenario B). In diesem Fall erhält der Kunde eine fehlerhafte

Lieferung und wird dadurch einen Schaden erleiden, welcher das Risiko des Kunden, das Kundenrisiko, ist. Folgende Übersicht zeigt den Zusammenhang zwischen den vorgestellten Fehlerarten und Risikowahrscheinlichkeiten:

	Realität	
Entscheidung	H_0 gilt	H_1 gilt
H_0 wird nicht verworfen (Kundenrisiko)	$1 - \alpha$	β (Fehler 2. Art)
H_1 wird angenommen (Lieferantenrisiko)	α (Fehler 1. Art)	$1 - \beta$

In Lieferanten- und Kundenbeziehungen gilt es, geeignete Tests mit entsprechenden Signifikanzniveaus $1 - \alpha$ zu vereinbaren, um besonders das Kundenrisiko zu minimieren. Aus Kundensicht ist es außerdem wichtig, durch eine laufende Qualitätsüberwachung beim Lieferanten dafür zu sorgen, dass die Wahrscheinlichkeit für einen Fehler 2. Art minimal ist, dass also eine unbekannte Stichprobeneigenschaft zur Annahme einer Lieferung führt. Auf diese Zusammenhänge wird im Fachgebiet Qualitätsmanagement/Qualitätstechnik ausführlich eingegangen. Bezogen auf die nachfolgenden statistischen Tests gilt es jeweils die Auswirkungen von Fehlern 1. und 2. Art auf mögliche Entscheidungen abzuwägen und im Sinne einer Fehlerbetrachtung zu behandeln.

3.1.3   Tests für Verteilungsparameter

3.1.3.1   „Z-Test", Normalverteilung von Werten

Ist die Annahme statistisch gesichert, dass es sich bei der Dichte der Werte einer Grundgesamtheit um eine statistische Normalverteilung handelt, deren Standardabweichung bekannt ist, können Z-Tests angewandt werden, um Abweichungen des Mittelwertes einer Stichprobe vom Erwartungswert der Grundgesamtheit nachzuweisen. Ähnlich verhält es sich, wenn die Mittelwerte zweier Stichproben verglichen werden sollen, um zu entscheiden, ob diese Stichproben der gleichen statistisch normalverteilten Grundgesamtheit entstammen. Ist die Standardabweichung der Grundgesamtheit nicht hinreichend genau bekannt, werden t-Tests eingesetzt.

Die Prüfgröße des Z-Tests $Z_{Prüf}$ wird als Abweichung eines Mittelwertes $\overline{x}_1$ von einem Erwartungswert μ bzw. von einem Mittelwert $\overline{x}_2$ einer weiteren Stichprobe definiert, welche auf den Wert der Standardabweichung σ der Grundgesamtheit normiert wird:

$$Z_{Prüf} = \sqrt{n} \times \frac{(\overline{x} - \mu)}{\sigma} \tag{3.1}$$

Mit Hilfe der Prüfgröße $Z_{Prüf}$ können folgende Hypothesen auf einem vorgegebenen Signifikanzniveau getestet werden:

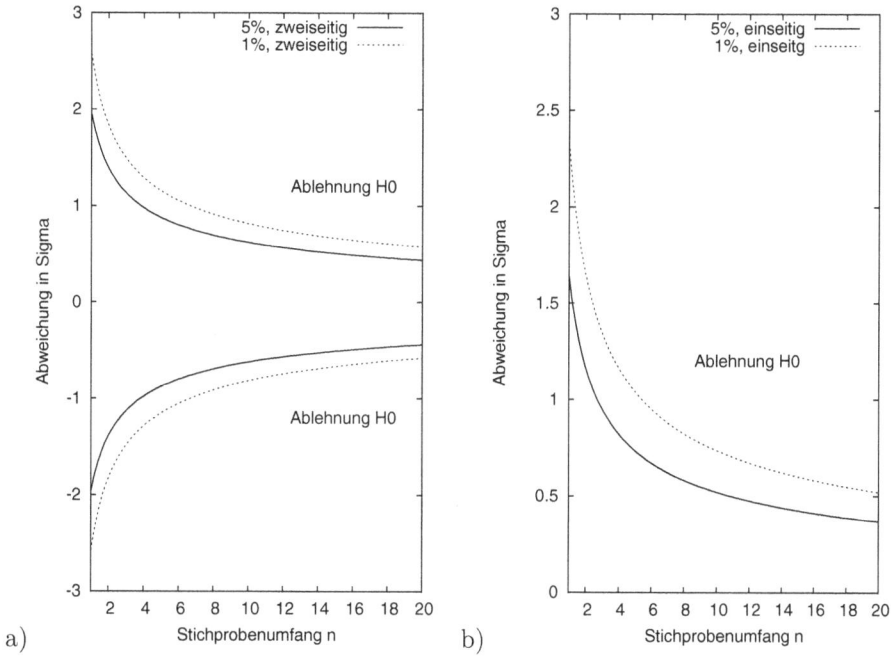

Abb. 3.3: *Rückweiskriterium für den (a) zwei- und (b) einseitigen Z-Test in Abhängigkeit des Stichprobenumfanges n und der empirisch ermittelten Abweichung vom Erwartungswert der Grundgesamtheit.*

	Hypothesen	Ablehnung H0, Annahme H1 bei:
I)	zweiseitiger Test $H_0\colon \overline{x} = \mu$; $H_1\colon \overline{x} \neq \mu$	$\lvert Z_{Prüf} \rvert > \Phi(1 - \frac{\alpha}{2})$
II)	einseitiger unterer Test $H_0\colon \overline{x} < \mu$; $H_1\colon \overline{x} \geq \mu$	$Z_{Prüf} \geq \Phi(\alpha)$
III)	einseitiger oberer Test $H_0\colon \overline{x} > \mu$; $H_1\colon \overline{x} \leq \mu$	$Z_{Prüf} \leq \Phi(1 - \alpha)$

Hierzu ist das Quantil der Normalverteilung $\Phi(1 - \frac{\alpha}{2})$ für den zweiseitigen Test bzw. $\Phi(1 - \alpha)$ für einseitige Tests erforderlich. Die Nicht-Rückweisung der Hypothese H_0 bedeutet, dass es statistisch nicht belegbar ist, dass die entnommene Stichprobe aufgrund des berechneten Mittelwertes und auf dem vorgegebenen Signifikanzniveau nicht zur normalverteilten Grundgesamtheit gehört. Wie Gl. 3.1 zeigt, ist diese Aussage stark vom gewählten Stichprobenumfang abhängig. Abb. 3.3 zeigt daher für ein- und zweiseitige Hypothesen und die Signifikanzniveaus 95 % bzw. 99 % die Zufallsstreubereiche, innerhalb welcher die Hypothese H_0 nicht abgelehnt werden kann. Aus Abb. 3.3 wird deutlich, welcher Stichprobenumfang n erforderlich ist, um z. B. die Ablehnung von H_0 außerhalb von einem bestimmten Vielfachen der Standardabweichung σ nachzuweisen.

3.1.3.2   „χ^2-Tests", Verteilungstest

Bei dem χ^2-Tests handelt es sich um eine Gruppe von Verteilungstests oder Anpassungstests, welche von Karl Pearson[IX] im Jahre 1900 zuerst beschrieben wurden. Bei diesen Tests wird aufgrund der Streuung der Werte von Stichproben geprüft, ob:

- vorliegende Daten entsprechend einer bestimmten Dichtefunktion verteilt sind

- Datensätze statistisch unabhängig sind

- oder Datensätze einer gemeinsamen Grundgesamtheit angehören

Soll der χ^2-Tests angewandt werden, sind zunächst die Häufigkeitsverteilungen $h(k)$ der Datensätze in m Klassen zu ermitteln, wie es bereits in Abschnitt 2.1 vorgestellt wurde. Das Prüfkriterium χ^2_{krit} wird berechnet, indem die relativen Abweichungen der Häufigkeitsverteilungen zweier Datensätze A, B oder die eines Datensatzes A bezogen auf eine Häufigkeitsverteilung h' ermittelt werden:

$$\chi^2_{krit}(A,B) = \sum_{k=-\infty}^{+\infty} \frac{1}{h_B(k)} \left[h_A(k) - h_B(k)\right]^2 \; ; \; h_B(k) \neq 0 \tag{3.2}$$

$$\chi^2_{krit}(A,h') = \sum_{k=-\infty}^{+\infty} \frac{1}{h'(k)} \left[h_A(k) - h'(k)\right]^2 \; ; \; h'(k) \neq 0 \tag{3.3}$$

Die Hypothese H_0, dass die betrachteten Häufigkeitsverteilungen gleich sind, wird bei einseitigen Fragestellungen auf dem Signifikanzniveau $1 - \alpha$ abgelehnt, wenn für das Prüfkriterium χ^2_{krit} gilt:

$$\chi^2_{krit} > \chi^2_{1-\alpha,m-1} \tag{3.4}$$

Für zweiseitige Untersuchungen ist in Gl. 3.4 entsprechend $1 - \frac{\alpha}{2}$ einzusetzen.

Für die Berechnung entsprechend Gl. 3.3 ist zu beachten, dass die angenommene Häufigkeitsverteilung h' entsprechend mit der Gesamtanzahl der Beobachtungen zu skalieren ist, wie es im nachfolgenden Beispiel verdeutlicht wird.

Als Beispiel wird die Anpassung der bereits ermittelten Dichte der Partikelmesswerte für 60 Substrate und die Dichte der statistischen Normalverteilung $NV(k) = NV(x = k; \mu = 9{,}4; \sigma = 4{,}2)$ getestet (siehe Abb. 2.4). Wobei für die Skalierung $NV(\mu) = 19{,}767$ verwendet wurde. Folgende Tabelle zeigt die berechneten Werte für die Erstellung des Prüfkriteriums χ^2_{krit} entsprechend Gl. 3.3.

k	$h_A(k)$	$NV(k)$	$h'(k) = h_A(k)$ $\times NV(k) \times NV(\mu)$	$\frac{1}{h'(k)}\left[h_A(k) - h'(k)\right]^2$
0	2	0,00063	0,02507	155,6
1	0	0,00174	0,00000	
2	0	0,00426	0,00000	
3	2	0,00932	0,36830	7,2
4	3	0,01819	1,07847	3,4
5	2	0,03170	1,25311	0,4
6	5	0,04932	4,87490	0,0
7	4	0,06853	5,41815	0,4
8	4	0,08500	6,72058	1,1
9	5	0,09413	9,30320	2,0
10	6	0,09307	11,03798	2,3
11	4	0,08215	6,49583	1,0
12	5	0,06475	6,39943	0,3
13	4	0,04556	3,60237	0,0
14	3	0,02862	1,69733	1,0
15	4	0,01605	1,26935	5,9
16	2	0,00804	0,31783	8,9
17	1	0,00359	0,07105	12,1
18	2	0,00143	0,05672	66,6
19	1	0,00051	0,01011	96,9
20	0	0,00016	0,00000	
21	1	0,00005	0,00091	1092,6
$\sum$	60		60	1457,8

Aus den vorstehenden Berechnungen ergibt sich $\chi^2_{krit} = 1457{,}8$ mit $f = 18$ Freiheitsgraden ($m = 19$ Klassen). Die Bedingung in Gl. 3.4 kann damit für keinen Wert der χ^2-Verteilung, entsprechend der Tabelle in Abschnitt 5.1.1, erfüllt werden. Die Hypothese h_0, dass die ermittelte Dichte der Partikelmesswerte der Dichte der statistischen Normalverteilung entspricht, wird damit abgelehnt, was insbesondere durch die schlechte Anpassung der Dichte der Normalverteilung an die Häufigkeiten der oberen und unteren Intervalle verursacht wird. Wird der gleiche Test auf die logarithmierten Werte $h_A(k)$ (für $h_A(k) > 0$) in vorstehender Tabelle angewandt, ist diese Anpassung verbessert und es ergibt sich eine Prüfgröße von $\chi^2_{krit} = 38{,}51$. Somit kann die Hypothese h_0 auf dem Signifikanzniveau von $1 - \alpha = 99{,}9\,\%$ beibehalten werden, da das Quantil $\chi^2_{0{,}999,f=18} = 42{,}3$ beträgt und die Bedingung in Gl.3.4 nicht erfüllt wird. Der grafische Vergleich der Dichtefunktion der 60 Partikelmesswerte mit der Dichte der statistischen Normalverteilung wurde schon in Abb. 2.9 angeführt.

3.1.3.3   „t-Tests", empirische Standardabweichung

Unter t-Tests werden Prüfverfahren verstanden, welche sich auf Hypothesen hinsichtlich des Erwartungs- bzw. Mittelwertes eines Merkmals von einer oder mehreren Stichproben vom Umfang n beziehen, wobei die Standardabweichung der Grundgesamtheit nicht bekannt sein muss, sondern die empirische Standardabweichung der Stichprobe verwendet

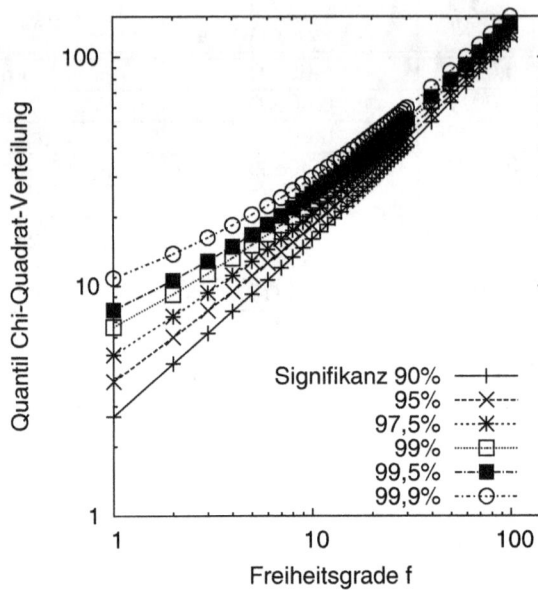

Abb. 3.4: *Quantile der χ^2-Verteilung in Abhängigkeit der Freiheitsgrade und für verschiedene Signifikanzniveaus.*

wird. Eine wesentliche Voraussetzung des t-Test ist das Vorhandensein normalverteilter Merkmale. Grundlage dieses Tests ist die Studentverteilung, auch t-Verteilung oder Student-t-Verteilung genannt, welche von William S. Gosset[X] entwickelt wurde und deren Dichte sich aus dem Produkt der Dichte der Normalverteilung und der χ^2-Verteilung ergibt. Die Dichte der Student-Verteilung ist symmetrisch. Für den Test sind sowohl Hypothesen hinsichtlich der Gleichheit bzw. Ungleichheit der Mittelwerte als auch gerichtete Hypothesen wie z. B. $\overline{x}_1 > \overline{x}_2$, $\overline{x} > \mu$ bzw. $\overline{x}_1 < \overline{x}_2$, $\overline{x} < \mu$ üblich. Bei gerichteten Hypothesen muss zuerst geprüft werden, ob die berechnete Stichprobenmittelwert-Differenz $\overline{x}_1 - \overline{x}_2$ das entsprechende Vorzeichen hat. Ist dies nicht der Fall, kann der Test bereits an dieser Stelle durch Ablehnung der Nullhypothese abgebrochen werden. Anderenfalls wird der Betrag der Stichprobenmittelwert-Differenz mit dem Quantil der t-Verteilung $t_{f,1-\frac{\alpha}{2}}$ verglichen. Folgende t-Tests für Stichproben sind üblich:

- Der Einstichproben-t-Test (auch Einfacher t-Test; engl. „one-sample t-test") prüft anhand des Mittelwertes einer Stichprobe, ob der Mittelwert einer Grundgesamtheit sich signifikant von einem vorgegebenen Sollwert unterscheidet. Die kritische Prüfgröße mit $f = n - 1$ Freiheitsgraden lautet:

$$t_{krit} = \frac{\overline{x} - \mu}{s_n} = \frac{\overline{x} - \mu}{s \sqrt{\frac{1}{n}}} \tag{3.5}$$

mit

$$s = \sqrt{\frac{1}{(n-1)} \sum_{i=1}^{n} (x_i - \overline{x})^2} \qquad (3.6)$$

- Der Zweistichproben-t-Test (auch Doppelter t-Test; engl. „two-sample t-test")
prüft anhand der Mittelwerte zweier unabhängiger Stichproben, ob die Mittelwerte gleich sind, ggf. gegen die Alternative, dass einer der Mittelwerte kleiner
ist als der andere. Der t-Test setzt voraus, dass beide Stichproben normalverteilten Grundgesamtheiten mit gleicher Varianz entstammen. Für den Test werden
beide Stichprobenumfänge als Freiheitsgrade $f = n_1 + n_2 - 2$ berücksichtigt. Die
kritische Prüfgröße lautet:

$$t_{krit} = \frac{\overline{x}_1 - \overline{x}_2}{s_{n1,n2}} = \frac{\overline{x}_1 - \overline{x}_2}{s_{1,2} \sqrt{\frac{1}{n_1} + \frac{1}{n_2}}} \qquad (3.7)$$

mit

$$s_{1,2} = \sqrt{\frac{n_1-1}{(n_1-1)+(n_2-1)} \sum_{i=1}^{n1} (x_{1,i} - \overline{x}_1)^2 + \frac{n_2-1}{(n_1-1)+(n_2-1)} \sum_{i=1}^{n2} (x_{2,i} - \overline{x}_2)^2} \qquad (3.8)$$

- Der Welch-Test[XI] ist ein spezieller t-Test, bei welchem die Signifikanz des Un-
terschiedes von zwei Stichprobenmittelwerten unter der Annahme getestet wird,
dass die Stichprobenvarianzen ungleich sind. Die kritische Prüfgröße lautet:

$$t_{krit} = \frac{\overline{x}_1 - \overline{x}_2}{\sqrt{\frac{S_1^2}{n_1} + \frac{S_2^2}{n_2}}} \qquad (3.9)$$

Für diesen Test werden die Freiheitsgrade entsprechend der folgenden Beziehung
geschätzt:

$$f = \frac{\left(\frac{S_1^2}{n_1} + \frac{S_2^2}{n_2}\right)^2}{\left(\frac{S_1^2}{n_1}\right)^2 \frac{1}{n_1-1} + \left(\frac{S_2^2}{n_2}\right)^2 \frac{1}{n_2-1}} \qquad (3.10)$$

Der t-Test wird darüber hinaus auch für die Bewertung von Korrelations- und Regres-
sions-Koeffizienten eingesetzt, worauf im Abschnitt 3.3.1 noch eingegangen wird.

3.1.3.4 „F-Test", Stichproben und Streuungen

Der F-Test bezieht sich auf den Vergleich von Streuungen verschiedener Datengruppen
untereinander und liefert u. a. bei der Auswertung statistischer Versuchspläne wertvolle
Hinweise darauf, welche Einflussgröße einen signifikanten Anteil an der empirisch ermittelten Streuung der Versuchsergebnisse hat. Voraussetzung ist, dass alle Werte der
gleichen statistischen Normalverteilung angehören. Häufig ist auch die Frage von Interesse, ob die empirische Streuung einer Stichprobe vergleichbar mit der Streuung aller

Werte einer Grundgesamtheit ist. Dies kommt bspw. bei der Bewertung, wie repräsentativ Umfrageergebnisse sind, in Betracht. Kann von einer statistischen Normalverteilung ausgegangen werden, beziehen sich diese Untersuchungen auf die Anwendung des Fisher-[XII] bzw. F-Tests. Mit dem F-Test kann bspw. aufgrund des Verhältnisses der empirischen Standardabweichungen zweier Stichproben s_A und s_B und der Prüfgröße in Gl. 3.11 festgestellt werden, ob die Streuung der Werte der Stichprobe A bzw. B signifikant verschieden von der Streuung der Werte beider Stichproben sind:

$$S_A^2\left(A, B\right) = \frac{s_{A,B}^2}{s_A^2} \; ; \quad S_B^2\left(A, B\right) = \frac{s_{A,B}^2}{s_B^2} \tag{3.11}$$

Die empirischen Standardabweichungen s_A, s_B und $s_{A,B}$ ergeben sich aus:

$$s_A^2 = \frac{1}{(N-1)} \sum_{n=1}^{N} \left(A_n - \overline{A}\right)^2 \tag{3.12}$$

$$s_{A,B}^2 = \frac{1}{(N-1)} \sum_{n=1}^{N} \left(A_n - \overline{A}\right)\left(B_n - \overline{B}\right) \tag{3.13}$$

Der Test in Gl. 3.11 ist für die Auswertung von Versuchsplänen Teil der Varianzanalyse. Für den F-Test wird ein Signifikanzniveau $1 - \alpha$ vorgegeben, oder es wird das kritische Signifikanzniveau für den statistischen Fall ermittelt, dass die Hypothese, beide empirische Standardabweichungen s_A und $s_{A,B}$ bzw. s_B und $s_{A,B}$ seien gleich, nicht abgelehnt werden kann (siehe Gl. 3.14):

$$F_{krit}\left(N_{A,B}, N_A, \alpha_{krit}\right) \geq S_A^2 \tag{3.14}$$

Im Fall von Gl. 3.14 ist α bzw. α_{krit} die Wahrscheinlichkeit für die Annahme der Hypothese, dass s_A und $s_{A,B}$ nicht signifikant verschieden sind (Annahmewahrscheinlichkeit). Der dazu komplementäre Wert $1 - \alpha$ bzw. $1 - \alpha_{krit}$ ist die Rückweiswahrscheinlichkeit dieser Hypothese.

Oft geht es gerade darum, verschiedene Versuchsgruppen oder Testserien A und B zu vergleichen. Die Ablehnung der Hypothese, dass die empirischen Standardabweichungen entsprechend Gl. 3.14 gleich sind, ist deshalb bedeutsam und zeigt an, dass es auf dem Signifikanzniveau $1 - \alpha$ bzw. $1 - \alpha_{krit}$ einen statistischen Unterschied gibt. Können mit Hilfe von Gl. 3.14 Annahme- bzw. Rückweiswahrscheinlichkeiten von 95 %, 99 % oder gar 99,5 % nachgewiesen werden, ist dies ein sehr starkes Argument und oft sehr gut geeignet, den Abschluss einer großen Versuchsserie oder eines umfassenden Projektes zu verteidigen. Aus der täglichen ingenieurtechnischen Sicht stehen oft nur sehr kleine Stichprobenumfänge sehr vieler verschiedener Stichproben zur Verfügung. Die damit verbundene Fragestellung lautet, welche Stichproben sich am stärksten von allen analysierten Werten unterscheidet. Von der Beantwortung dieser Frage kann die weitere Datenanalyse oder die Ausrichtung weiterer Experimente abhängen. Die Terme in Gl. 3.11 liefern hierzu sehr gute Anhaltspunkte. Oft ist jedoch das ingenieurtechnische Fachwissen bei der Beurteilung und Entscheidung weit mehr gefordert, als es ein bestimmter Wert von α_{krit} möglich erscheinen lässt.

3.1.4   Tests mit variablem Stichprobenumfang

Wie es bereits in den vorangegangenen Abschnitten ausgeführt wurde, ist es charakte-
ristisch für statistische Tests, dass nur die Ablehnung einer Hypothese $H0$ belegt werden
kann. Die Annahme der Hypothese $H0$ folgt daraus nicht. Bei Stichprobenprüfungen
mit klassischen statistischen Tests muss daher der gesamte vereinbarte Umfang in die
Untersuchung einbezogen werden, ehe über die Beibehaltung der Hyothese $H0$ entschieden werden kann. Das Prüfverfahren abzukürzen ist bei klassischen statistischen Tests
nicht möglich.

Tests mit variablem Stichprobenumfang erlauben die Ablehnung einer Hypothese $H0$
auch vor dem Erreichen des maximalen Stichprobenumfanges, wenn der jeweilige vorhandene Stichprobenumfang bei der statistischen Bewertung berücksichtigt wird, wie es
Abb. 3.3 in Abschnitt 3.1.3.1 für die Anwendung des Z-Tests bereits gezeigt hat. In diesem Fall kann vereinbart werden, dass der Z-Test entsprechend Abb. 3.3 die Hypothese
$H0$ ablehnt und die Stichprobenprüfung beendet wird, wenn bei einem zunehmenden
Stichprobenumfang eine entsprechend große Abweichung in der Stichprobe festgestellt
wird. Dieses Vorgehen ist sehr sinnvoll und führt dazu, dass kein fester, sondern ein maximaler Stichprobenumfang vereinbart wird, um eine Stichprobenprüfung zu beenden
und $H0$ abzulehnen.

Sequentielle Tests ermöglichen neben der vorzeitigen Ablehnung der Hypothese $H0$ auch
deren vorzeitige Annahme. Bei dieser sequentiellen Abarbeitung eines statistischen Tests
wird der Umfang der Stichprobe schrittweise aufgebaut und bewertet. Nach jedem neu
hinzugekommenen Merkmalswert werden die Stichprobeneigenschaften ermittelt und es
wird untersucht, ob bei gegebener Irrtumswahrscheinlichkeit bereits eine Entscheidung
abgeleitet werden kann. Ist dies nicht der Fall, wird der Umfang der Stichprobe weiter
vergrößert, bis der maximale vereinbarte Stichprobenumfang erreicht oder eine Entscheidung getroffen worden ist. Durch dieses Vorgehen können bei der Datenerhebung
sehr viel Zeit und Ressourcen eingespart werden.

3.1.4.1   Likelihood Quotienten

Entsprechend des Z-Tests gilt eine Hypothese $H0$: $\overline{x} = \mu$ als verworfen (Annahme
H1: $\overline{x} \neq \mu$), wenn sich der Wert des Prüfkriteriums in Gl.3.15 außerhalb eines durch
die Irrtumswahrscheinlichkeit α festgelegten Zufallsstreubereiches der Normalverteilung
befindet:

$$Ablehnung\, H0 : |Z_{Pr\ddot{u}f}| \geq \Phi(1 - \frac{\alpha}{2}) \qquad (3.15)$$

Daß die Ablehnung der Hypothese in Gl. 3.15 zu Recht erfolgt, wird durch die Festlegung des Signifikanzniveaus $1 - \frac{\alpha}{2}$ sicher gestellt. Damit verbunden ist jedoch das
Risiko, einem Irrtum mit der Wahrscheinlichkeit α zu unterliegen und die Hypothese
$H0$ zu verwerfen, obwohl es in Wahrheit keinen Grund dazu gab. Es handelt sich hierbei um das Risiko, einem Fehler 1. Art zu unterliegen, wie es bereits in Abschnitt 3.1.2
beschrieben wurde. Die Wahrscheinlichkeit β, dass die Hypothese beibehalten wird, obwohl in Wahrheit die Alternativhypothese H1 zutrifft, beschreibt der Fehler 2. Art,
welcher ebenfalls im Abschnitt 3.1.2 vorgestellt wurde. Sequentielle Tests kennen nun
die folgenden Entscheidungsbereiche, welche durch den Likelihood Quotienten „L" und
die dazu gehörigen Entscheidungsgrenzen „A" und „B" nach A. Wald[XIII] festgelegt

werden. „L" ist hierbei der Quotient der Wahrscheinlichkeiten, dass die Hypothese $H0$ verworfen wird, wobei jeweils eine steigende Anzahl von Stichproben berücksichtigt werden muss:

$$L = \frac{P(H1)}{P(H0)} \tag{3.16}$$

1.) H0 wird verworfen; $\qquad\qquad$ $L \geq A$
2.) Keine Entscheidung wird getroffen; $A < L < B$
3.) H0 wird angenommen; $\qquad\qquad$ $L \leq B$

Die Grenzen A und B für diese drei Entscheidungsbereiche von L werden durch die Wahrscheinlichkeiten für die Fehler 1. und 2. Art festgelegt:

$$A = \frac{1 - \beta}{\alpha} \tag{3.17}$$

$$B = \frac{\beta}{1 - \alpha} \tag{3.18}$$

Die Anwendung dieser Beziehungen in Gln. 3.17, 3.18 führt in Stichprobenprüfplänen zu sogenannten Annahme- und Rückweisgeraden, so dass kein maximaler Stichprobenumfang existiert, bei welchem die Kriterien A und B direkt aneinander grenzen und eine Entscheidung spätestens zu erwarten ist. Von einer Verknüpfung der klassischen Hypothesentests für Stichproben mit den Likelihood-Quotienten in einer gemeinsamen grafischen Darstellung wird daher nur selten Gebrauch gemacht.

3.1.4.2   Sequentieller „Z-Test"

Entsprechend des Signifikanzniveaus im Z-Test mit variablem Stichprobenumfang nach Gl. 3.1 (siehe Abb. 3.3) wurde die Grenze für das Ablehnen der Hypothese $H0 : \overline{x} < \mu$ festgelegt, wenn der Betrag der Abweichung $\frac{\overline{x} - \mu}{\sigma}$ gleich oder größer dem Quantil der statistischen Normalverteilung Φ ist, wobei der Stichprobenumfang n als gleitende Größe Berücksichtigung findet. Die Grenze, an welcher die Entscheidung über die Rückweisung der Hypothese $H0$ getroffen wird, ist gleich:

$$\sqrt{n} \times \frac{\overline{x} - \mu}{\sigma} = \Phi(1 - \alpha) \tag{3.19}$$

Für die Wahrscheinlichkeit, dass die Hypothese $H0$ beibehalten, also im Sinne von sequentiellen Tests angenommen wird, obwohl diese Entscheidung falsch ist, gilt es eine Wahrscheinlichkeit β für den Fehler 2. Art festzulegen (typisch 5 %). Die vorzeitige Annahme der Hypothese $H0$ erfolgt dann mit einer Wahrscheinlichkeit, welche kleiner diesem Wert ist:

$$\sqrt{n} \times \frac{\overline{x} - \mu}{\sigma} < \Phi(\beta) \tag{3.20}$$

Eine Annahme der Hypothese $H0$ erfolgt jedoch spätestens, wenn nach einem vorgegebenen maximalen Stichprobenumfang N keine Ablehnung erfolgte. Dies entspricht

auch dem Vorgehen von nicht sequentiellen Tests, bei denen ein maximaler Stichprobenumfang vor der Prüfung fest vereinbart wird, aufgrund dessen über die Annahme
oder Rückweisung der Stichprobe zu entscheiden ist. Für die Annahme der Stichprobe
bei einem Stichprobenumfang N ergibt sich daher die gleiche Entscheidungsgrenze bezogen auf den Fehler 1. und 2. Art entsprechend Gln. 3.19 und 3.20, welche durch eine
Konstante K in Gl. 3.21 mathematisch beschrieben wird:

$$\frac{\Phi\left(\beta\right)}{\sqrt{N}} + K = \frac{\Phi(1-\alpha)}{\sqrt{N}} \tag{3.21}$$

Bei kleineren Stichprobenumfängen als dem maximalen Stichprobenumfang N ist damit
die Grenze für die vorzeitige Annahme der Hypothese $H0$ unter Berücksichtigung der
Randbedingung in Gl. 3.21 zu wählen:

$$\frac{\overline{x} - \mu}{\sigma} < \frac{\Phi(\beta)}{\sqrt{n}} + \frac{\Phi(1-\alpha) - \Phi\left(\beta\right)}{\sqrt{N}} \tag{3.22}$$

Abb. 3.5 zeigt die grafischen Verläufe der Annahme- und Rückweisgrenzen für $H0$ in
Abhängigkeit des Stichprobenumfanges und für die Signifikanzniveaus von 95 % und
99 % eines ein- und zweiseitigen Tests. In dieser Abbildung wurde für die Annahme der
Stichprobe ein maximaler Stichprobenumfang von N =20 (oben) bzw. N =30 (untere
Grafen) sowie eine Irrtumswahrscheinlichkeit β=5 % zugrunde gelegt.

Aus Abb. 3.3 wird deutlich, dass für die vorzeitige Annahme der Hypothese $H0$ ein
minimal erforderlicher Stichprobenumfang N_{min} existiert, welcher sich aus Gl. 3.22
ergibt

$$\frac{\Phi(\beta)}{\sqrt{N_{min}}} + \frac{\Phi(1-\alpha) - \Phi(\beta)}{\sqrt{N}} = 0 \tag{3.23}$$

und direkt proportional zum maximal vereinbarten Stichprobenumfang N ist:

$$N_{min} = \left[\frac{\Phi\left(\beta\right)}{\Phi\left(\beta\right) - \Phi(1-\alpha)}\right]^{2} N \tag{3.24}$$

Abb. 3.6 zeigt das Verhältnis zwischen minimalem und maximalem Stichprobenumfang
entsprechend Gl. 3.24 in Abhängigkeit der vorgegebenen Irrtumswahrscheinlichkeit β
und berücksichtigt dabei die Signifikanzniveaus 95 % und 99 % für die Rückweisung
der Hypothese $H0$. Aus diesem Zusammenhang wird deutlich, dass sich der minimale Stichprobenumfang des sequentiellen Z-Tests vermindert, wenn bei gleichbleibender
Irrtumswahrscheinlichkeit das Signifikanzniveau für die Rückweisung der Stichprobe
(Ablehnung $H0$) erhöht wird. Es ist daher zu empfehlen, beide Festlegungen entsprechend aufeinander abzustimmen, denn eine höhere Signifikanz bei der Entscheidung
zur Rückweisung einer Stichprobe sollte auch eine kleinere Irrtumswahrscheinlichkeit
bei der vorzeitigen Annahme mit sich bringen.

Abschließend sei noch angemerkt, dass es durchaus üblich ist, für die vorzeitige Annahme einer Stichprobe einen erweiterten Stichprobenumfang N festzulegen. Somit kann
die Überprüfung eines vorgegebenen Mindest- Stichprobenumfanges N_{min} kontrolliert
werden, wie es in Abb. 3.6c,d zu sehen ist.

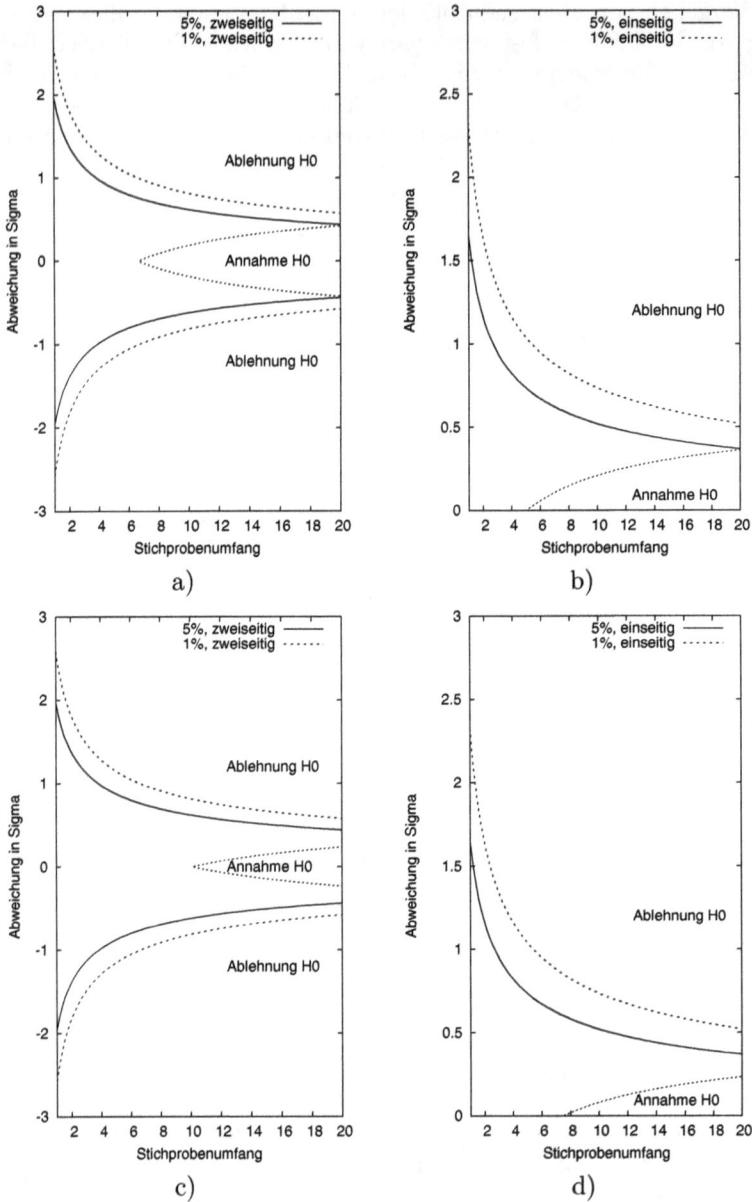

Abb. 3.5: *Rückweis- und Annahme-Kriterium für den zweiseitigen (a,c) und einseitigen (b,d) sequentiellen Z-Test in Abhängigkeit des Stichprobenumfanges und einer Irrtumswahrscheinlichkeit $\beta = 5\%$. Der maximale Stichprobenumfang für die Annahme von H0 wurde mit $N{=}20$ (a,b) bzw. $N{=}30$ (c,d) festgelegt.*

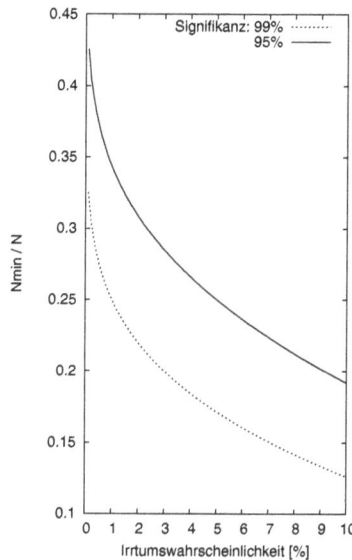

Abb. 3.6: *Verhältnis des minimal erforderlichen Stichprobenumfanges N_{min} bezogen auf den maximal festgelegten Wert N für die vorzeitige Annahme der Stichprobe in Abhängigkeit der Irrtumswahrscheinlichkeit β und für ausgewählte Signifikanzniveaus $1 - \alpha$.*

3.1.4.3 Sequentieller „t-Test"

Wie es schon in Abschnitt 3.1.3.3 erläutert wurde, findet der t-Test bei Stichprobenprüfungen im Vergleich zum Z-Test vor allem dann Anwendung, wenn die Standardabweichung der Grundgesamtheit nicht bekannt ist und auf die empirische Standardabweichung der Stichprobe zurück gegriffen werden muss. Der sequentielle t-Test basiert daher insbesondere auf dem „Ein-Stichproben"-t-Test mit der Prüfgröße t_{krit}, welche bereits als klassischer t-Test mit vorgegebenem Stichprobenumfang n vorgestellt wurde:

$$t_{krit} = \frac{\overline{x} - \mu}{s_n} = \sqrt{n}\,\frac{\overline{x} - \mu}{s} \tag{3.25}$$

Nach Gl. 3.25 wird eine Abweichung des Stichprobenmittelwertes von dem Erwartungswert einer Grundgesamtheit als einseitig signifikant bewertet, wenn die folgende Bedingung erfüllt ist:

$$t_{kritf} \geq t_{n-1,1-\alpha} \tag{3.26}$$

Bei zweiseitigen Bewertungen gilt entsprechend:

$$|t_{kritf}| \geq t_{n-1,1-\frac{\alpha}{2}} \tag{3.27}$$

Die Anwendung des t-Tests mit variablem Stichprobenumfang n ergibt sich bereits aus Gl. 3.25 und ist in Abb. 3.7 für den ein- und zweiseitigen t-Test bis zu einem maximalen Stichprobenumfang von $N = 20$ für die Rückweisung der Stichprobe dargestellt. Abb. 3.7 setzt dabei generell einen Mindeststichprobenumfang von $n = 3$ voraus.

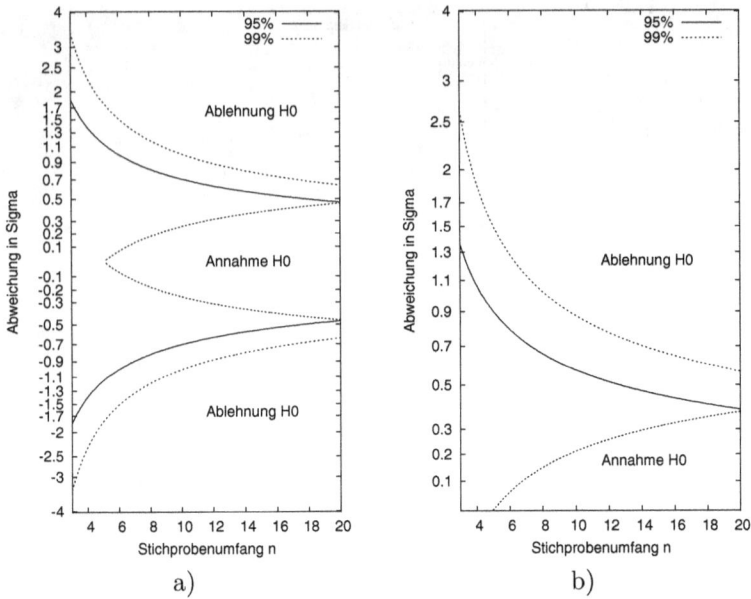

Abb. 3.7: *Rückweis- und Annahme-Kriterium für den zweiseitigen (a) und einseitigen (b) sequentiellen t-Test in Abhängigkeit des Stichprobenumfanges n und einer Irrtumswahrscheinlichkeit β = 5 % bei einem maximalen Stichprobenumfang für eine vorzeitige Annahme von N =20 (a,b).*

Wie schon für den sequentiellen Z-Test erläutert, wird für die endgültige Annahme der Stichprobe ein maximaler Stichprobenumfang N festgelegt, welcher gleich oder größer dem vereinbarten Stichprobenumfang für die Prüfung sein kann. Bei Erreichen dieses maximalen Stichprobenumfanges gibt es keine Fortsetzung der Stichprobenprüfung, d. h. die Grenze zwischen Rückweisung und Annahme der Stichprobe ist gleich, was in Gl. 3.28 durch die Konstante K sichergestellt wird:

$$\frac{t_{n-1,\beta}}{\sqrt{N}} + K = \frac{t_{n-1,1-\alpha}}{\sqrt{N}} \tag{3.28}$$

Somit ergibt sich der Bereich der vorzeitigen Annahme des zweiseitigen t-Tests zu:

$$\left|\frac{\overline{x} - \mu}{s}\right| \leq \frac{t_{n-1,\beta}}{\sqrt{n}} + \frac{t_{n-1,1-\alpha} - t_{n-1,\beta}}{\sqrt{N}} \tag{3.29}$$

In Abb. 3.7 wurde der Bereich der vorzeitigen Annahme der Stichprobe für eine Irrtumswahrscheinlichkeit von $\beta = 5\,\%$ unter der Annahme eingetragen, dass der vereinbarte Stichprobenumfang gleich dem maximalen Stichprobenumfang für eine vorzeitige Annahme N ist. Für höhere Stichprobenumfänge N wird der Annahmebereich entlang der Abszisse entsprechend verschoben, so dass ein erweiterter Mindeststichprobenumfang für die vorzeitige Annahme entsteht.

3.2 Vertrauen in statistische Vorhersagen

3.2.1 Vertrauensbereich

Der Vertrauensbereich, auch Konfidenzintervall genannt, einer statistischen Maßzahl (Mittelwert, Varianz) ist jener Bereich um diese Größe herum, der den wahren, aber unbekannten Wert auf einem vorgegebenen Konfidenzniveau einschließt. Um den Vertrauensbereich einer statistischen Maßzahl angeben zu können, ist es erforderlich, die statistischen Eigenschaften der dazu gehörigen Grundgesamtheit zu kennen. Vertrauensbereiche können ein- oder zweiseitig sein und werden durch die Irrtumswahrscheinlichkeit α beschrieben. Einseitige Vertrauensbereiche haben das Konfidenzniveau $(1 - \alpha)$, zweiseitige Vertrauensbereiche verwenden die gleiche Irrtumswahrscheinlichkeit α, jedoch das Konfidenzniveau $(1 - \frac{\alpha}{2})$.

Anschaulich gilt, dass der Vertrauensbereich um so breiter ist, je höher die statistische Sicherheit (Signifikanz) gefordert wird, was folgendes Beispiel verdeutlichen soll:

Möchte ein Fischereiunternehmen den Aufenthaltsort eines Fischschwarms durch die Angabe der geografischen Längen- und Breitenkoordinate mit höchster statistischer Sicherheit $(1 - \frac{\alpha}{2}=100\%)$ wissen, kann die Angabe nur lauten: „Länge $0 \dots 360$ Grad, Breite ± 90 Grad", was der gesamten Erdoberfläche entspricht, aber für den Kapitän des Fischereibootes wenig hilfreich sein wird. Es kommt also immer darauf an, sinnvolle Forderungen hinsichtlich der statistischen Sicherheit an einen Vertrauensbereich zu stellen, um praktisch verwertbare Aussagen zu erhalten.

In der Statistik werden häufig Vertrauensbereiche für Stichprobenmittelwerte und die empirische Standardabweichung angegeben, die besagen, in welchem Bereich um diesen Wert herum die entsprechende wahre, aber unbekannte Eigenschaft der Grundgesamtheit liegt. Meist finden dabei unterschiedliche Werte der Irrtumswahrscheinlichkeit Berücksichtigung, woraus sich unterschiedlich breite Konfidenzintervalle ergeben. Folgende Zusammenstellungen geben einen Überblick.

Vertrauensbereiche für den Erwartungswert einer
normalverteilten Grundgesamtheit (GG)

$\bar{x}$, zwei GG sind gleich (σ GG bekannt)	zweiseitig:	$\Phi^{-1}(\frac{\alpha}{2}) \leq \frac{\bar{x}-\mu}{\sigma} \leq \Phi(1 - \frac{\alpha}{2})$ oder $\lvert\frac{\bar{x}-\mu}{\sigma}\rvert \leq \Phi(1 - \frac{\alpha}{2})$
	einseitig, obere Schranke:	$\frac{\bar{x}-\mu}{\sigma} \leq \Phi(1 - \alpha)$
	untere Schranke:	$\frac{\bar{x}-\mu}{\sigma} \geq \Phi(\alpha)$ oder $\frac{\bar{x}-\mu}{\sigma} \geq -\Phi(1 - \alpha)$
$\bar{x}$, Stichprobe mit Umfang n (σ GG bekannt)	zweiseitig:	$\Phi(\frac{\alpha}{2}) \leq \frac{\bar{x}-\mu}{\sigma}\sqrt{n} \leq \Phi(1 - \frac{\alpha}{2})$ oder $\lvert\frac{\bar{x}-\mu}{\sigma}\sqrt{n}\rvert \leq \Phi(1 - \frac{\alpha}{2})$
	einseitig, obere Schranke:	$\frac{\bar{x}-\mu}{\sigma}\sqrt{n} \leq \Phi(1 - \alpha)$
	untere Schranke:	$\frac{\bar{x}-\mu}{\sigma}\sqrt{n} \geq \Phi(\alpha)$ oder $\frac{\bar{x}-\mu}{\sigma}\sqrt{n} \geq -\Phi(1 - \alpha)$
$\bar{x}$, Stichprobe mit Umfang n (σ GG nicht bekannt)	zweiseitig:	$t(n - 1, \frac{\alpha}{2}) \leq \frac{\bar{x}-\mu}{s}\sqrt{n} \leq t(n - 1, 1 - \frac{\alpha}{2})$
	einseitig, obere Schranke:	$\frac{\bar{x}-\mu}{s}\sqrt{n} \leq t(n - 1, 1 - \alpha)$
	untere Schranke:	$\frac{\bar{x}-\mu}{s}\sqrt{n} \geq t(n - 1, \alpha)$

Vertrauensbereiche für die empirische Standardabweichung einer
normalverteilten Grundgesamtheit (GG)

s, Stichprobe mit	zweiseitig:	$\sqrt{\frac{n-1}{\chi^2\left(n-1,\frac{\alpha}{2}\right)}} \leq s \leq \sqrt{\frac{n-1}{\chi^2\left(n-1,1-\frac{\alpha}{2}\right)}}$
Umfang n (χ^2-Verteilung)	einseitig, obere Schranke:	$s \leq \sqrt{\frac{n-1}{\chi^2(n-1,1-\alpha)}}$
	untere Schranke:	$s \geq \sqrt{\frac{n-1}{\chi^2(n-1,\alpha)}}$
s_1, s_2 zwei	zweiseitig:	$F(n_1,n_2,\frac{\alpha}{2}) \leq \frac{s_1}{s_2} \leq F(n_1,n_2,1-\frac{\alpha}{2})$
Stichproben mit Umfang n_1,	einseitig, obere Schranke:	$\frac{s_1}{s_2} \leq F(n_1,n_2,1-\alpha)$
n_2 (F-Verteilung)	untere Schranke:	$\frac{s_1}{s_2} \geq F(n_1,n_2,\alpha)$

3.2.2   Operationscharakteristik

Werden Daten z. B. aus einer laufenden Fertigung im Sinne einer Stichprobe entnommen, gilt dies der Überprüfung eines Merkmals mit dessen Eigenschaft wie Erwartungswert oder Standardabweichung. Für diese Untersuchungen ist die Frage berechtigt, welchen Umfang die Stichprobe mindestens haben sollte, um eine bestimmte Abweichung mit einer vorgegebenen statistischen Sicherheit zu erkennen, woraus sich ein entsprechend breiter Vertrauensbereich des Merkmals ergibt. Diese Überlegung führt zur Operationscharakteristik. Die Darstellung des Zusammenhanges zwischen dem Vertrauensbereich und der Signifikanz einer Größe in Abhängigkeit des Stichprobenumfanges ist Anliegen der Operationscharakteristik.

Operationscharakteristiken sind sowohl für die Planung von Stichprobenumfängen als auch für die Planung des Umfanges statistischer Versuchspläne sehr wichtig und können für verschiedene statistische Verteilungen angegeben werden. Im Folgenden wird die Operationscharakteristik für den zweiseitigen Vertrauensbereich einer normalverteilten Grundgesamtheit hergeleitet. Wie bereits im Abschnitt 2.2.2 ausgeführt, ist dabei $x = \Phi(P)$ der Wert x der standardisierten inversen Normalverteilung ($\mu = 0$; $\sigma = 1$) zur Wahrscheinlichkeit P und $P = N(x, \mu, \sigma)$ ist die Wahrscheinlichkeit, welche sich aus der Normalverteilung ergibt. Das hier beschriebene Vorgehen ist auch auf andere Verteilungen, z. B. auch auf die logarithmische Normalverteilung oder die Exponentialverteilung anwendbar.

Der Vertrauensbereich für einen einzelnen Wert X (Stichprobenumfang =1) lautet:

$$\Phi(\tfrac{\alpha}{2}) \leq \frac{X-\mu}{\sigma} \leq \Phi(1-\tfrac{\alpha}{2})$$

$$\mu + \sigma\,\Phi(\tfrac{\alpha}{2}) \leq \quad X \quad \leq \mu + \sigma\,\Phi(1-\tfrac{\alpha}{2})$$

$$x_{unten} \leq \quad X \quad \leq x_{oben}$$

Wird ein einzelner Wert X der Grundgesamtheit entnommen, hängt die Wahrscheinlichkeit P, dass dieser Wert innerhalb des Vertrauensbereiches liegt, von der Breite des

Vertrauensbereiches $x_{oben} - x_{unten}$ ab:

$$P = N\left(x_{oben}, \mu, \sigma\right) - N\left(x_{unten}, \mu, \sigma\right) \qquad (3.30)$$

Gl. 3.30 gibt die Wahrscheinlichkeit für eine Stichprobe vom Umfang 1 an. Die Intervallgrenzen in Gl. 3.30, werden nun als symmetrisch $x_{unten} - \mu = \mu - x_{oben}$ festgelegt, weshalb gilt:

$$N\left(x_{oben}, \mu, \sigma\right) = 1 - N\left(x_{unten}, \mu, \sigma\right) \qquad (3.31)$$

Aufgrund dieser Symmetrie und mit Hilfe der Abweichung vom Erwartungswert $\Delta = \frac{x_{unten} - \mu}{\sigma}$ kann Gl. 3.30 umgeformt werden zu:

$$P_{2seitig} = 1 - 2 \times N\left(\Delta, 0, 1\right) \qquad (3.32)$$

Werden mehrere einzelne Werte der Grundgesamtheit entnommen und dürfen diese Ereignisse als statistisch unabhängig betrachtet werden ergibt sich die Gesamtwahrscheinlichkeit, dass sowohl der erste als auch alle folgenden n- Werte im gleichen Vertrauensbereich liegen aus dem Produkt aller Einzelwahrscheinlichkeiten P^n, was in der Darstellung der Operationscharakteristik berücksichtigt wird.

Die Abhängigkeit der Irrtumswahrscheinlichkeit von einer gegebenen Prävalenz, d. h. vom Anteil bestimmter Merkmale in einer Grundgesamtheit wird allgemein Operationscharakteristik (OC) genannt. Im Fall von Gl. 3.32 ist diese Irrtumswahrscheinlichkeit gleich der Rückweiswahrscheinlichkeit, wobei n- entnommene zufällige Werte zu beachten sind:

$$OC_{R\ddot{u}ck,2seitig}(n, \Delta) = \left[1 - 2 \times N\left(\Delta, 0, 1\right)\right]^n \qquad (3.33)$$

Je nach Sichtweise kann auch nach der Operationscharakteristik für die Annahme gefragt werden, welche die Annahmewahrscheinlichkeit ausdrückt und sich aus dem zu 1 komplementären Wert von Gl. 3.33 ergibt:

$$OC_{Annahme,2seitig}(n, \Delta) = 1 - OC_{R\ddot{u}ck,2seitig}(n, \Delta) \qquad (3.34)$$

Die Darstellung der Operationscharakteristik in Abb. 3.8 zeigt, mit welcher Wahrscheinlichkeit bei einem Stichprobenumfang n welche Prozessabweichung Δ erkannt wird. Damit ist es sowohl möglich, ein Stichprobenergebnis zu bewerten, als auch den notwendigen Stichprobenumfang n_{krit} festzulegen, welcher bei einer maximal zulässigen Prozessabweichung Δ_{krit} mit einer Mindestwahrscheinlichkeit von $P_{krit} = OC(n_{krit}, \Delta_{krit})$ erkannt werden soll.

Abb. 3.8 ergibt so bspw. die Faustregel, dass bei der Entnahme eines einzelnen Wertes X eine Abweichung von $\Delta = 0,5$ mit etwa 50 %-iger Wahrscheinlichkeit erkannt wird, Abweichungen von $\Delta \geq 2$ allerdings mit etwa 95 %-iger Wahrscheinlichkeit signifikant sind.

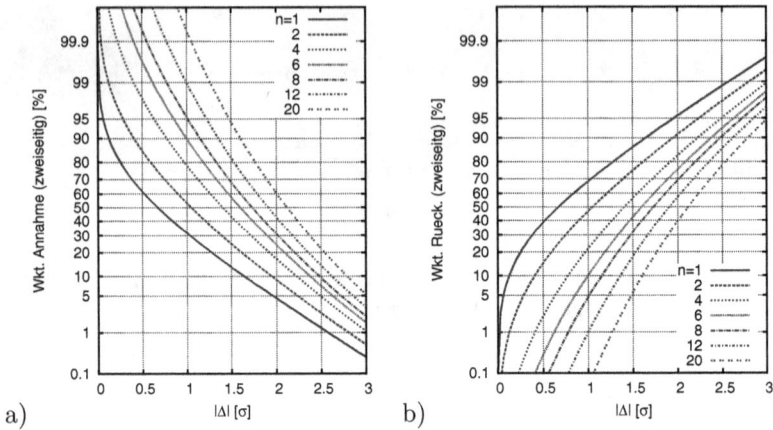

Abb. 3.8: *Operationscharakteristiken zur Bewertung von Stichprobenmittelwerten mit dem Umfang $n = 1..20$ für einen zweiseitigen Vertrauensbereich bei einer normalverteilten Grundgesamtheit mit bekannter Standardabweichung und der Prozessabweichung $\Delta = \frac{x - \mu}{\sigma}$ hinsichtlich der Wahrscheinlichkeiten zu Annahme (a) bzw. Ablehnung (b).*

3.3   Korrelation von Daten

Daten verschiedener Grundgesamtheiten können miteinander im statistischen Sinne korreliert werden, wenn zwischen diesen Daten ein tatsächlicher Zusammenhang besteht oder zumindest vermutet werden darf. Existiert zwischen Datenpaaren *a,b* ein solcher statistischer Zusammenhang, wird dieser Korrelation genannt.

Ein Zusammenhang zwischen den Daten *a,b* kann z. B. in einer grafischen Darstellung immer konstruiert werden, ohne dass es sich dabei um einen statistischen Zusammenhang im Sinne einer Ursache-Wirkung-Beziehung handelt. In diesem Fall existiert der Zusammenhang nur scheinbar und wird daher Scheinkorrelation genannt. Vorsicht ist geboten, um nicht auf Scheinkorrelationen herein zu fallen, denn die jeweils berechneten statistischen Maßzahlen erlauben keine Rückschlüsse darauf. Um einen statistischen Zusammenhang von einer Scheinkorrelation zu unterscheiden, ist in erster Linie der Sachverstand des jeweiligen Fachgebietes erforderlich. Der Nachweis einer Scheinkorrelation kann aber auch leicht experimentell und mit geringem statistischen Aufwand erbracht werden, da eine Änderung der Daten im Datensatz *a* keinen signifikanten Einfluss auf den Datensatz *b* haben sollte.

Gibt es einen versteckten Zusammenhang zwischen den Daten *a,b* so, dass beide Daten über einen dritten Datensatz *c* miteinander und ohne Wechselwirkung untereinander verbunden sind, wird dies als Kreuzkorrelation bezeichnet. Kreuzkorrelationen kommen sehr häufig in der Praxis vor und werden insbesondere mit Hilfe der statistischen Versuchsplanung und Modellierung untersucht.

3.3.1   Empirischer Korrelationskoeffizient

Ist ein Zusammenhang zwischen N Datenpaaren a,b linear oder wird nach dem linearen Anteil gesucht, wird dieser durch den Korrelationskoeffizienten ρ gekennzeichnet (in der Literatur wird auch häufig das Symbol r anstelle von ρ verwendet):

$$\begin{aligned} \rho_{a,b} &= \frac{\sum_{n=1}^{N}(a_n - \overline{a})(b_n - \overline{b})}{\sqrt{\left[\sum_{n=1}^{N}(a_n - \overline{a})^2\right]\left[\sum_{n=1}^{N}(b_n - \overline{b})^2\right]}} \\ &= \frac{1}{N-1}\sum_{n=1}^{N}\left(\frac{a_n - \overline{a}}{s_a}\right)\left(\frac{b_n - \overline{b}}{S_b}\right) \end{aligned} \tag{3.35}$$

Der Korrelationskoeffizient ρ entsprechend Gl. 3.35 wird als klassischer Korrelationskoeffizient oder Pearson-Korrelation bezeichnet. Beide Schreibweisen entsprechend Gl. 3.35 sind gleichberechtigt. Neben der Annahme, dass zwischen den Daten a,b ein wesentlicher linearer Zusammenhang besteht, erfordert der klassische Korrelationskoeffizient, dass beide Datensätze statistisch voneinander unabhängig und hinsichtlich des Intervalls vergleichbar sind.

Eine verallgemeinerte Formulierung der Korrelation, unabhängig von der Funktion des Zusammenhanges (linear, quadratisch etc.), ist die nach Charles Edward Spearman[XIV] benannte Rangkorrelation. Der Rangkorrelationskoeffizient ist robust gegen Ausreißerwerte und wird in Abgrenzung zum klassischen Korrelationskoeffizienten mit ρ_s oder r_s bezeichnet. Für sehr viele Anwendungen hat der klassische Korrelationskoeffizient ρ jedoch eine überragende Bedeutung.

Nach Gl. 3.35 kann ρ Werte im Bereich -1 bis $+1$ annehmen, wobei negative Werte eine Anti-Korrelation der Daten a,b zum Ausdruck bringen (ansteigende Werte von a_i treten gemeinsam mit abfallenden Werten von b_i auf, auch inverse Korrelation genannt), positive Werte für ρ hingegen beschreiben eine direkte Korrelation (ansteigende Werte von a_i treten gemeinsam mit ansteigenden Werten von b_i auf). Beträgt der Korrelationskoeffizient für die Daten a,b exakt „0", handelt es sich um den insbesondere für die statistische Versuchsplanung und Varianzanalyse sehr wichtigen Sonderfall, dass die Daten nicht korreliert sind, was auch als „zueinander orthogonal" oder kurz „orthogonal" bezeichnet wird.

Die statistische Signifikanz des Korrelationskoeffizienten ist vom Umfang N der Daten a,b abhängig. Je größer die Anzahl N der Daten zur Berechnung des Korrelationskoeffizienten ist, desto kleinere Werte von ρ können als statistisch signifikant von Null verschieden angesehen werden. Im umgekehrten Fall muss ρ deutlich verschieden von Null sein, um einen linearen Zusammenhang mit nur wenigen Daten a,b statistisch signifikant belegen zu können. Mit Hilfe des folgenden zweiseitigen t-Tests kann die Hypothese, dass der Korrelationskoeffizient ρ signifikant von Null verschieden ist, auf einem Signifikanzniveau $1 - \frac{\alpha}{2}$ (α Irrtumswahrscheinlichkeit) und in Abhängigkeit des Datenumfanges N nachgewiesen werden. Voraussetzung ist, dass die Daten a,b statistisch normal verteilt sind, was für sehr viele Anwendungen als gute Orientierung gelten kann:

$$t_{1-\frac{\alpha}{2}, N-2} \leq |\rho| \times \sqrt{\frac{N-2}{1-\varrho^2}} \tag{3.36}$$

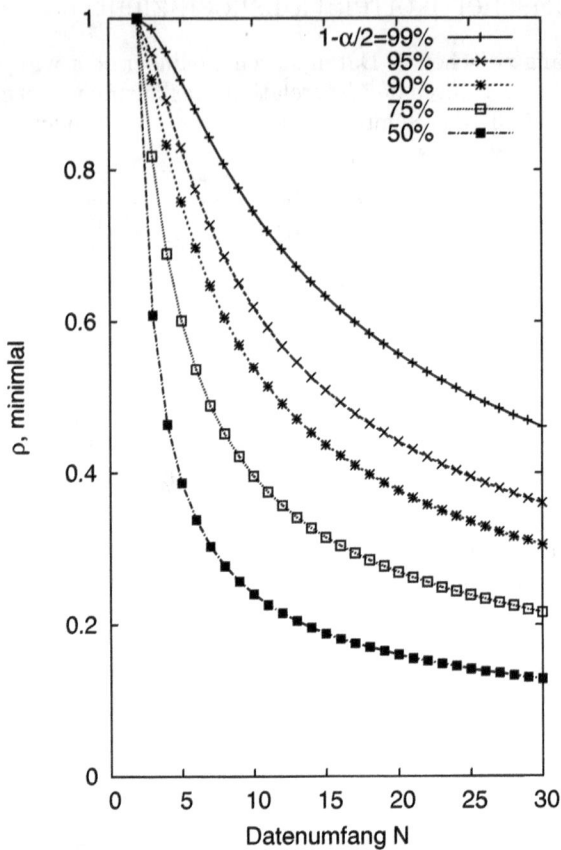

Abb. 3.9: *Minimale Beträge des klassischen Korrelationskoeffizienten ρ für eine signifikante Verschiedenheit von Null in Abhängigkeit des Datenumfanges N und für ausgewählte Signifikanzniveaus im Bereich entsprechend Gl. 3.36.*

Abb. 3.9 gibt den Zusammenhang in Gl. 3.36 für ausgewählte Signifikanzniveaus grafisch wieder.

Insbesondere bei der Diskussion von Korrelationskoeffizienten in der statistischen Versuchsplanung kommt es vor, dass auf kleine Datenumfänge N zurück gegriffen werden muss und daher Werte des Korrelationskoeffizienten kleiner als 15 % nur eingeschränkt berücksichtigt werden sollten, wie es Abb. 3.9 nahe legt.

3.3.2 Korrelationskoeffizient und Abweichung

Der Korrelationskoeffizient entsprechend Gl. 3.35 gibt den linearen Zusammenhang zwischen den xy-Werten wieder. Daher kann aus dem Korrelationskoeffizienten auch die Gleichung der Trendgerade $\hat{y} = mx + n$ der Daten direkt abgeleitet werden, wie es

Gl. 3.37 zeigt:

$$\hat{y} = \rho_{x,y} \frac{s_y}{s_x} (x - \overline{x}) + \overline{y} \tag{3.37}$$

Die Abweichung $\Delta_{yi} = (y_i - \overline{y}) - \hat{y}_i$ der Einzelwerte i in y-Richtung kann entsprechend Gl. 3.37 lokal angegeben werden:

$$\Delta_{yi} = y_i - \overline{y} - \rho_{x,y} \frac{s_y}{s_x} (x_i - \overline{x}) \tag{3.38}$$

Die mittlere quadratische Abweichung in y-Richtung Δ_y^2 ist ein typisches Maß bei der Bewertung statistischer Modelle, sie kann jedoch, wie es Gl. 3.38 zeigt, auch für jeden Einzelwert angegeben werden, um z. B. xy-Wertepaare zu kennzeichnen, welche sich innerhalb der Stichprobe befinden und am wenigsten von dem berechneten Korrelationskoeffizienten aller Werte repräsentiert werden. Aus Gl. 3.38 ist ersichtlich, dass für die Ermittlung der in der Statistik häufig verwendeten quadratischen Abweichung Δ_y^2 die explizite Berechnung bzw. Darstellung der Trendgeraden nicht erforderlich ist.

Aus Gl. 3.37 kann ebenfalls die Abweichung $\Delta_{xi} = (x_i - \overline{x}) - \hat{x}_i$ entlang der x-Koordinate zum Wert von Δ_{yi} mit Hilfe des Anstiegs der Trendgeraden bestimmt werden:

$$\frac{\Delta_{yi}}{\Delta_{xi}} = \rho_{x,y} \frac{s_y}{s_x} \tag{3.39}$$

Der kürzeste Abstand Δ_i zwischen einem Wertepaar $(x_i - \overline{x}, y_i - \overline{y})$ und den Koordinaten der Trendgeraden $(\hat{x}_i, \hat{y}_i)$ berechnet sich aus Gl. 3.39 und entsprechend den Sätzen am Dreieck aus:

$$\begin{aligned} \Delta_i &= \Delta_{xi} \sin \left[\arctan \left(\rho_{x,y} \frac{s_y}{s_x} \right) \right] \\ &= \frac{\Delta_{yi}}{\sqrt{1 + \left(\rho_{x,y} \frac{s_y}{s_x} \right)^2}} \end{aligned} \tag{3.40}$$

Die Angabe des kürzesten Abstandes Δ zwischen einem Datenpunkt und der Trendgeraden berücksichtigt im Gegensatz zur Angabe von nur der Abweichung Δ_y eine Verschiebung in beide Koordinatenrichtungen und ist anschaulich leichter einzusehen. Aus praktischen Erwägungen heraus ist ja auch immer zu berücksichtigen, dass bei der Erfassung von Messwerten Fehler in allen Koordinaten auftreten können. Weiterhin ist insbesondere bei betragsmäßigen Werten größer eins des Anstieges einer Regressionsgeraden die Abweichung Δ_y irreführend, denn der jeweilige Datenpunkt liegt tatsächlich näher an der Trendgeraden als es der Wert Δ_y vermuten lässt. Die Abweichungen Δ_x und Δ_y werden daher lokale Abweichungen genannt, wogegen Δ die globale Abweichung eines Datenpunktes zum linearen Modell angibt.

Die Beträge der globalen Abweichungen Δ_i für die i-Datenpunkte einer Stichprobe von der Trendgeraden der Regressionsanalyse wurden für die grafische Darstellung in Abb. 3.10 ausgenutzt, um den in Gl. 3.40 berechneten minimalen Abstand Δ zur Skalierung der Größe der Datenpunktsymbole zu verwenden.

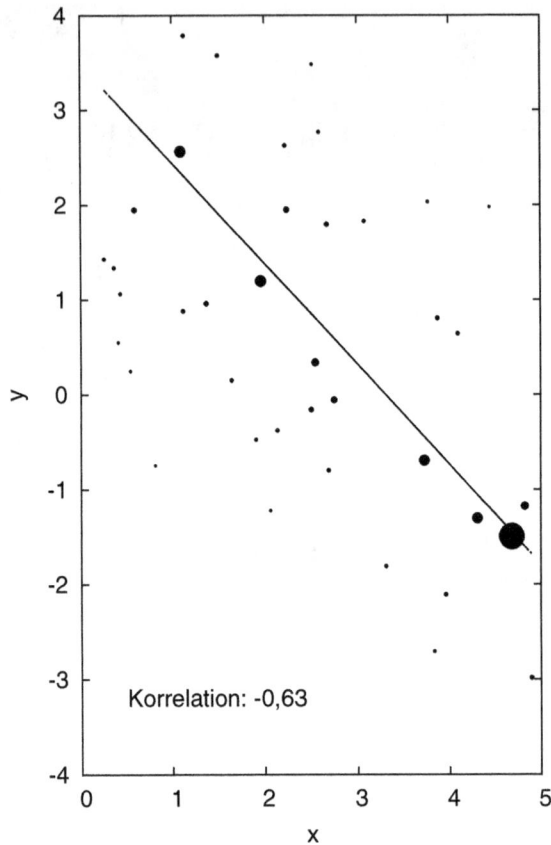

Abb. 3.10: *Darstellung von Datenpunkten einer Stichprobe mit den Ergebnissen einer Korrelationsanalyse. Für die Skalierung der Größe der i Datenpunkte wurde die globale Abweichung Δ_i (entspricht dem minimalen Abstand eines jeweiligen iten-Datenpunktes zur Regressionsgeraden) entsprechend Gl. 3.40 verwendet.*

3.3.3   Korrelationsmatrix

Sehr häufig werden in einer Datenanalyse die Korrelationskoeffizienten mehrerer Datensätze untereinander verglichen, um Wechselwirkungen zwischen den Daten herauszufinden. Hierzu ist die Anordnung der einzelnen Korrelationskoeffizienten in einer Korrelationsmatrix ein sehr geeignetes Mittel. Eine solche Anordnung zeigt Gl. 3.41 für die Korrelationskoeffizienten der Datensätze a, b, c, d. Der besseren Übersichtlichkeit wegen wird bei der Korrelationsmatrix im allgemeinen, wie auch in Gl. 3.41, nur die obere Dreiecksmatrix angegeben, da der Korrelationskoeffizient unabhängig von der Reihenfolge der ausgewählten Daten ist ($\rho_{a,b} = \rho_{b,a}$, $\rho_{a,c} = \rho_{a,c}$ usw.). Die Korrelationsmatrix in Gl. 3.41 ist daher symmetrisch. Weiterhin ergibt sich aus Gl. 3.35, dass der Korrelationskoeffizient für den gleichen Datensatz immer gleich 1 ist ($\rho_{a,a} = \rho_{b,b} = .. = 1$), was ebenfalls bei der Darstellung der Korrelationsmatrix in Gl. 3.41 berücksichtigt wurde.

$$Korr(a,b,c,d) = \begin{array}{c|cccc} & a & b & c & d \\ \hline a & 1 & \rho_{a,b} & \rho_{a,c} & \rho_{a,d} \\ b & & 1 & \rho_{b,c} & \rho_{b,d} \\ c & & & 1 & \rho_{a,b} \\ d & & & & 1 \end{array} \qquad (3.41)$$

Korrelationsmatrizen entsprechend Gl. 3.41 zeigen die statistischen Zusammenhänge der ausgewählten Daten untereinander, sind jedoch aufgrund der Vielzahl von Zahlenwerten oft unübersichtlich, weshalb die Angabe der Korrelationskoeffizienten nur auf eine minimal notwendige Anzahl von Ziffern zu beschränken ist. Häufig hilft jedoch auch ein geeignetes Umsortieren der Spalten und Zeilen in Gl. 3.41, so dass wesentliche Zusammenhänge deutlicher sichtbar werden. Hilfreich kann es auch sein, bestimmte Gruppierungen für die Werte der Korrelationskoeffizienten ρ vorzunehmen, wie es folgender Vorschlag zeigt:

$$\begin{aligned} -1 \leq \rho \leq -0{,}5 &= \text{" } - \text{ "} \\ 0{,}5 \leq \rho \leq \quad 1 \quad &= \text{" } + \text{ "} \\ sonst &= \text{" } \quad \text{"} \end{aligned} \qquad (3.42)$$

Wird die Gruppierung in Gl. 3.42 auf eine Korrelationsmatrix angewandt, ergibt sich deren Besetzungsstruktur, oder auch kurz die Besetzungsmatrix, wie es Abb. 3.11 illustriert.

3.3.4 Korrelationsänderungsmatrix

Es ist meist sehr schwierig, aus Korrelationsmatrizen (siehe Gl. 3.41) Mehrfach-Wechselwirkungen zwischen Parametern zu erkennen, welche aber gerade für die Prozessoptimierung von besonderem Interesse sind. Eine Möglichkeit, diese Zusammenhänge mit Hilfe von Korrelationsmatrizen genauer zu untersuchen, besteht in der Berechnung der Korrelationsänderungsmatrix $\Delta Korr$, wie es Gl. 3.43 zeigt.

$$\begin{aligned} \Delta Korr_{a-gut,schlecht}(a,b,..) \\ = Korr(a_{gut},b,..) - Korr(a_{schlecht},b,..) \end{aligned} \qquad (3.43)$$

Für die Berechnung in Gl. 3.43 werden die Daten a nach einem bestimmten Kriterium in „gut", „schlecht" klassifiziert, es könnte sich aber auch z. B. um zwei Datenerhebungen zu verschiedenen Zeitpunkten handeln. Die betragsmäßig größten Elemente der Korrelationsänderungsmatrix $\Delta Korr$ zeigen nun jene Daten und Datenwechselwirkungen an, deren Einfluss auf die Kategorien „gut", „schlecht" am größten sind bzw. deren Zusammenhänge sich am stärksten zwischen den Gruppen unterscheiden.

Beispiel

Im folgenden Beispiel wurden mehrere Experimente mit dem Ziel durchgeführt, die Leistung eines Produktes zu verbessern (Zielgröße $ZG-2$). Dazu wurden jeweils vier Fertigungsparameter gemessen ($M1,M2,M3,M4$). Die Ergebnisse der Versuche wurden

	1	2	3	4	5	6	7	8	9	10	11	12	13	14	15	16	17	18	19	20	21	22	23	24	25	26
	R.1	R.2	R.3	R.4	R.5	R.6	R.7	R.8	R.9	R.10	R.11	R.12	R.13	R.14	R.15	R.16	R.17	R.18	R.19	R.20	R.24	R.25	R.26	R.802	R.803	R.804	R.805
1	100%	-78%	-97%	20%	-75%	-98%	-45%	57%	-15%	54%	-89%	99%	22%	0%	64%	-13%	-35%	79%	14%	-11%	94%	30%	-74%	54%	54%	83%
2		100%	18%	22%	18%	32%	31%	17%	32%	14%	15%	32%	28%	21%	96%	40%	54%	21%	-51%	-53%	75%	24%	-22%	98%	-95%	37%
3			100%	97%	6%	13%	12%	6%	11%	5%	5%	11%	62%	40%	44%	-16%	-77%	-89%	44%	22%	50%	-94%	-44%	-26%	51%	28%
4				100%	7%	13%	13%	6%	14%	4%	4%	14%	78%	47%	-78%	-61%	17%	-62%	6%	-97%	89%	-20%	-65%	21%	88%	-1%
5					100%	57%	59%	100%	31%	38%	43%	32%	6%	3%	39%	-75%	74%	0%	14%	93%	48%	-35%	58%	23%	65%	23%
6						100%	100%	57%	45%	58%	59%	45%	11%	10%	-56%	67%	-55%	17%	-46%	-79%	-7%	-73%	-25%	-56%	62%	42%
7							100%	59%	44%	58%	60%	45%	10%	10%	-38%	-37%	-32%	33%	95%	45%	53%	-46%	74%	63%	-32%	-10%
8								100%	31%	37%	42%	32%	5%	3%	34%	24%	-61%	-11%	-15%	29%	-9%	-88%	-72%	48%	19%	83%
9									100%	29%	30%	100%	13%	13%	49%	88%	3%	11%	63%	-48%	11%	-26%	-32%	-86%	44%	87%
10										100%	100%	30%	1%	32%	60%	-22%	7%	39%	-25%	-30%	95%	-77%	-65%	-10%	-99%	-69%
11											100%	31%	2%	31%	56%	56%	-50%	-45%	42%	-42%	-14%	48%	-86%	10%	64%	64%
12												100%	17%	13%	-31%	26%	-40%	-17%	-82%	-97%	-15%	43%	74%	45%	92%	42%
13													100%	51%	76%	-83%	99%	-40%	-54%	71%	-95%	-92%	47%	55%	23%	-84%
14														100%	77%	79%	56%	24%	-91%	99%	50%	-84%	-9%	-20%	42%	-62%
15															100%	86%	56%	72%	40%	27%	13%	18%	3%	50%	-61%	-45%
16																100%	-62%	70%	-40%	-31%	-63%	19%	-88%	-14%	63%	-36%
17																	100%	-46%	-7%	62%	-77%	84%	48%	29%	16%	63%
18																		100%	35%	-42%	-80%	99%	0%	14%	-35%	-73%
19																			100%	-51%	47%	94%	-59%	-56%	64%	71%
20																				100%	-52%	98%	-19%	22%	11%	-81%
21																					100%	-72%	-46%	80%	-55%	-19%
22																						100%	56%	-54%	70%	27%
23																							100%	-41%	-11%	-60%
24																								100%	56%	-38%
25																									100%	87%
26																										100%

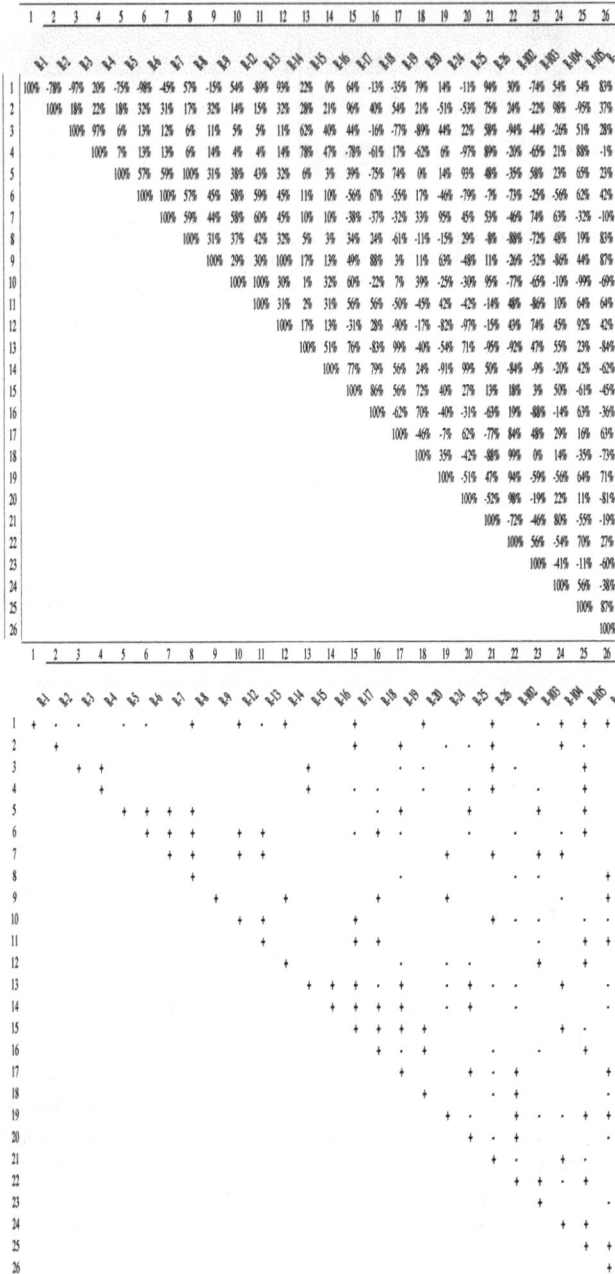

Abb. 3.11: *Korrelationsmatrix für 26 Datensätze mit den Bezeichnungen „R-...", entnommen aus der täglichen Ingenieurarbeit. oben: Angabe der Korrelationskoeffizienten; unten: Besetzungsmatrix entsprechend Gl. 3.42*

Tab. 3.1: *Versuchseinstellungen und Ergebnisse zur Optimierung des Parameters $ZG-2$ eines Produktes in Abhängigkeit von vier Fertigungsparametern (M1, M2, M3, M4).*

$M1$	$M2$	$M3$	$M4$	$ZG-2$	$Gruppe$
19,9743	17,6010	23,9041	150,795	568	$high$
19,7350	17,0685	21,5309	139,14	561	$high$
19,4250	16,8410	21,2233	138,665	564	$high$
18,9578	15,9478	20,5467	131,600	584	$high$
19,1875	16,1493	20,9922	132,295	561	$high$
19,150	16,3215	23,0441	138,330	561	$high$
19,7092	17,1445	24,3421	144,130	560	$high$
20,2157	17,5605	38,1837	155,675	545	low
19,0950	16,2733	21,4274	142,120	545	low
18,7280	15,820	21,0991	136,255	543	low
18,9800	16,1475	20,3786	136,370	551	low
19,9702	18,472	23,9076	151,590	552	low
20,4093	18,7162	24,1074	152,630	533	low
19,2588	15,2968	24,2268	141,685	542	low
18,5798	15,7865	23,6532	140,210	556	low
20,0181	17,2472	26,1779	149,940	553	low
19,6600	17,7525	23,9651	150,265	543	low
19,4810	17,5619	25,3462	147,485	550	low

entsprechend der Zielgröße $ZG-2$ in zwei Kategorien „high" und „low" eingeteilt. Die Zusammenstellung der experimentellen Ergebnisse ist in Tab. 3.1 angeben.

Aus der Differenz der Korrelationsmatrizen $Korr_{ZG-2=high} - Korr_{ZG-2=low}$ entsprechend Gl. 3.43 für die Kategorien „high" und „low" der Zielgröße $ZG-2$, entsprechend Tab. 3.1, ergibt sich die folgende Korrelationsänderungsmatrix (Gl. 3.44):

$$
\begin{array}{c|ccccc}
 & M1 & M2 & M3 & M4 & ZG-2 \\
\hline
M1 & 0 & 13\% & 7\% & -4\% & -5\% \\
M2 & & 0 & 35\% & 8\% & -15\% \\
M3 & & & 0 & 16\% & -37\% \\
M4 & & & & 0 & -8\% \\
ZG-2 & & & & & 0
\end{array}
\tag{3.44}
$$

Gl. 3.44 zeigt, dass die Fertigungsparameter $M2$ und $M3$ für die Kategorien „high" und „low" und bezogen auf die Zielgröße $ZG-2$ besonders wichtig sind. Dabei ist zu beachten, dass die Kategorien „high" und „low" der Zielgröße $ZG-2$ stärker von der Änderung des Fertigungsparameters $M3$ (-37 %) als von $M2$ (-15 %) abhängt. Gleichzeitig hängt die Wechselwirkung der Fertigungsparameter $M2$ und $M3$ sehr stark von der Änderung der Kategorien „high" und „low" ab ($M2 \times M3 = 35\%$), bzw. die Änderung dieser Fertigungsparameter beeinflusst die Kategorien „high" und „low" stark.

Bei weiterer Betrachtung der Korrelationsänderungsmatrix in Gl. 3.44 zeigt sich, dass die Fertigungsparameter $M1 \times M2$ (13 %) und $M3 \times M4$ (16 %) ebenfalls deutlich von

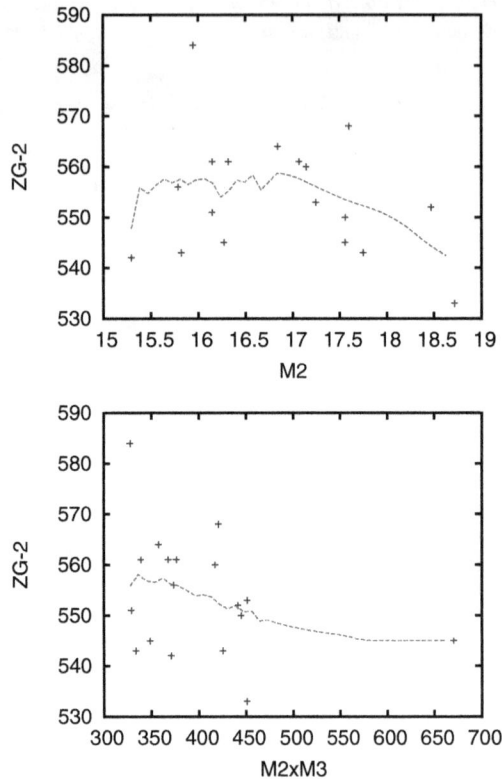

Abb. 3.12: *Darstellung der Zielgröße $ZG-2$ in Abhängigkeit von dem Fertigungsparameter $M2$ und der Parameterwechselwirkung $M2 \times M3$. Die durchgezogene Linie wurde mit Hilfe des im Abschnitt 2.4.6 vorgestellten Ausgleichsverfahrens berechnet.*

den Kategorien von $ZG-2$ abhängen, jedoch die Änderung der Fertigungsparameter $M1$ und $M4$ nur relativ gering die Kategorie der Zielgröße beeinflussen (-5% bzw -8%). Die Abhängigkeit der Zielgröße $ZG-2$ von den Parametern $M3$ und $M2 \times M3$ ist grafisch dargestellt.

Wie Abb. 3.12 veranschaulicht, erreicht die Zielgröße $ZG-2$ ein Optimum, wenn der Fertigungsparameter $M2$ im Bereich von 16,5 bis 17 liegt, wobei die Wechselwirkung $M2 \times M3$ etwa 350 betragen sollte.

3.3.5   Lokale Korrelationskoeffizienten

Immer wenn Daten in Form von sogenannten Punktwolken vorliegen, sind zwingend mehrere Einflüsse auf die Daten vorhanden und es ist interessant, die jeweiligen lokalen Korrelationskoeffizienten zu hinterfragen, welche die Ausdehnung der Punktwolke in verschiedene Richtungen beschreiben. Dazu wird das Verfahren der „Multiplen Linearen Regression" verwendet, welches im Abschnitt 4.3.3 vorgestellt wird.

3.3.6   Prozess-Robustheit

Der Begriff der Prozess-Robustheit ist in der Statistik wenig klassifiziert, wenngleich
robuste Prozessmerkmale allgemein bekannt und sehr wichtig für die Datenauswer-
tung sind. Den Median einer Stichprobe bezeichnet man bspw. als robustes Merkmal
einer Stichprobe, da dieser nur sehr wenig von einzelnen Ausreisserwerten beeinflusst
wird, im Gegensatz zu dem häufig verwendeten arithmetischen Mittelwert. Darüber
hinaus ist es ein Grundanliegen in jeder Fertigung robuste Prozesse zu entwickeln und
zu betreiben sowie deren Robustheit überwachen zu können, da erwartet wird, dass
Prozessergebnisse möglichst stabil sind, auch wenn deren Randbedingungen schwan-
ken. Ein Prozess oder ein Prozessmerkmal wird demnach als robust hinsichtlich einer
Einflussgröße und im Sinne der Statistik verstanden, wenn dieser auf eine Schwankung
der Einflussgröße weniger stark oder gar nicht reagiert. Allgemein kann daher die Robustheit als die Eigenschaft eines Prozesses gesehen werden, Eingangsgrößenänderungen
auf das Prozessergebnis zu übertragen. Daher stehen für diese Betrachtung die Streuungen der Eingangs- und Ausgangsgrößen und nicht deren Zielwerte (Mittelwerte) im
Vordergrund.

Es soll nun eine Abfolge von zwei Fertigungsschritten A und B betrachtet werden, wobei das Prozessergebnis des Schrittes A als Eingangsgröße auf den Prozess B wirkt und
somit das Prozessergebnis von B beeinflusst. Die Streuungen der Prozessergebnisse dieser zwei aufeinander folgenden Schritte A und B einzeln betrachtet, wie es in Abb. 3.13
a,b gezeigt ist, gibt kaum Aufschluss über deren Zusammenhang. Der zeitliche Zusammenhang der Variationen dieser Prozesse in Abb. 3.13 c macht diesen Zusammenhang
jedoch sichtbar und zeigt für dieses Beispiel nur eine schwache Abhängigkeit. Dies wird
durch die in 3.13 c angegebenen Trendpunkte und einen Korrelationskoeffizienten von
nur 2,6 % bestätigt.

Anhand dieses Beispiels wird deutlich, dass der statistische Korrelationskoeffizient
$r\,(s_A, s_B)$ für die Streuungen der Prozessergebnisse zweier aufeinander folgender Prozesse A und B zu Rate gezogen werden kann, wenn die Robustheit des nachfolgenden
Prozesses B bezogen auf den Einfluss des Vorangegangenen (A) bewertet werden soll.
Daraus würde jedoch folgen, dass ein sehr geringer Wert dieses Korrelationskoeffizienten
eine große Robustheit kennzeichnet und umgekehrt, was in der täglichen Arbeit leicht
zu Verwirrungen führt. Daher wird für die Robustheit R des Prozesses B bezogen auf
den Einfluss des vorgelagerten Prozesses A folgender Term verwendet:

$$R_B(A) = \sqrt{1 - r\,(\sigma_A, \sigma_B)} \qquad (3.45)$$

Entsprechend Gl. 3.45 beträgt der Wert der Robustheit 100 %, wenn keine statistische
Korrelation zwischen den Streuungen der beiden Prozesse A und B vorliegt. Sollte
eine negative statistische Korrelation zwischen diesen Streuungen vorliegen, kann die
Robustheit Werte größer 1 annehmen, also mehr als 100 % betragen, was aber in jeden
Fall genau zu untersuchen ist und meist auf eine Scheinkorrelation hin deutet. Die
Nichtlinearität der Gl. 3.45 bewirkt, dass unterhalb von 100 % R zunächst langsamer
abfällt, als es bei einem linearen Zusammenhang zu erwarten wäre. Unterhalb 50 % fällt
R dafür um so stärker ab, was der Bewertung in der Praxis entgegen kommt.

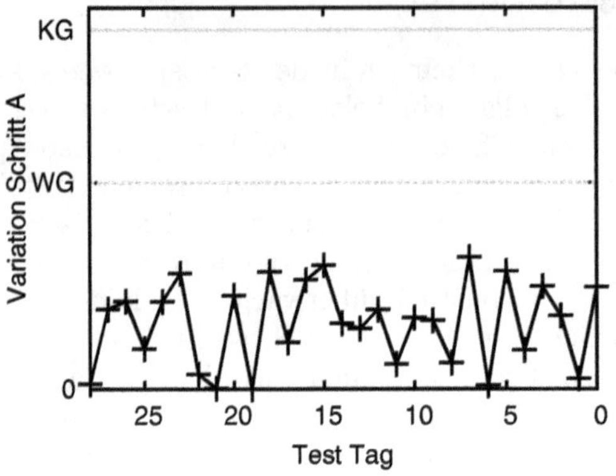

Abb. 3.13: *Zeitliche Variationen der Prozessergebnisse zweier aufeinander folgender Prozesse A und B anhand deren Kontrollkarten (a,b) sowie die Darstellung des zeitlichen Zusammenhanges des Streuverhaltens dieser beiden Prozesse (c).*

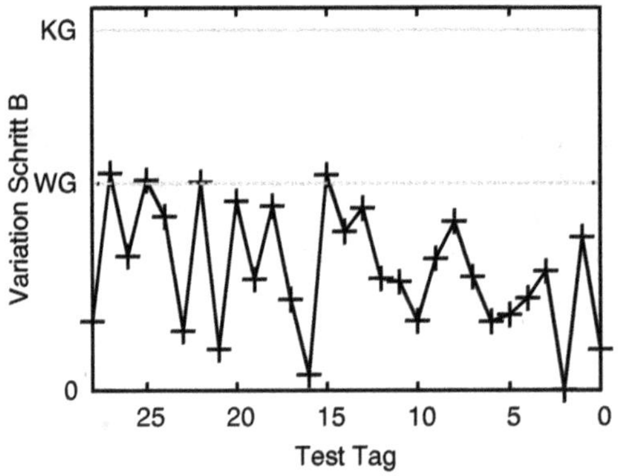

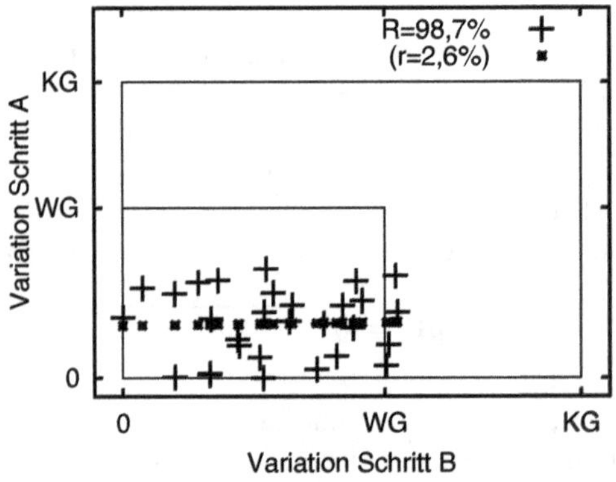

3.4   Segmentation von Daten

3.4.1   Schrittweise Analyse von Einflussfaktoren

In der ingenieurtechnischen Arbeitsweise gilt es häufig die Frage zu beantworten, ob in einem bestimmten Datensatz Einflüsse einzelner Bearbeitungsschritte oder auch von Maschinen besonders starken Einfluss hatten, wobei die einzelnen Bearbeitungsschritte bzw. Maschinen aus dem Herstellungsprozess bekannt sind. Im übertragenen Sinne gilt gleiches auch für andere Bereiche, wenn etwa Marketingerfolge oder Umfrageergebnisse auszuwerten sind und die Orte oder Personengruppen bekannt sind. Das Besondere an dieser Fragestellung ist, dass es sich in der Regel um sehr viele, mindestens hunderte, manchmal tausende, oft aber zehntausende Daten handelt, deren statistische Eigenschaften im Sinne einer statistischen Dichte bzw. Verteilung für diese Fragestellung zunächst gar nicht von Interesse sind. Aufgrund der Vielzahl der Daten ist natürlich ein möglichst einfaches mathematisches Verfahren gefragt, welches schnell durchgeführt werden kann, um die Fragestellung im Sinne einer Sondierung hinreichend genau zu beantworten. Ein solches Verfahren wird durch die schrittweise Segmentierung von Datensätzen zur Verfügung gestellt[XV], welches international als „Segmentation Tree" oder auch „Decision Tree" Verfahren bekannt und sehr breit entwickelt worden ist[3]. Ein Einblick in die grundlegende Herangehensweise soll in diesem Abschnitt vermittelt werden, woraus bereits sehr nützliche Ansatzpunkte für praktische Aufgabenstellungen der Datenanalyse abgeleitet werden können. Weiterführende Literatur ist insbesondere im Fachgebiet des „Operation Research" zu finden.

Im folgenden einfachen Beispiel wurden Werkstücke an den Arbeitsschritten Bohren, Schleifen und Fräsen bearbeitet und anschließend hinsichtlich der Qualität bewertet und in 10 Qualitätsstufen eingestuft (Q-Stufe = 1 für geringe Qualität, Q-Stufe = 10 für höchste Qualität). Für jeden dieser Arbeitsschritte standen zwei Maschinen zur Verfügung. Folgende Werte wurden laufend erfasst (siehe Abb. 3.14a):

---

[3]Der Begriff „Segmentation Tree" (schrittweise Aufspaltung) beschreibt Strategien der Zuordnung von Datengruppen zu Ursachen im Sinne von Ästen mit immer weiter aufspaltenden Zweigen. Wegbereiter dieser Methode war J. L. Bentley. Obwohl die Begriffe „Segmentation Tree" und „Decision Tree" (Entscheidungsbäume) heute nahezu synonym verwendet werden, steht der erste Begriff oft für messwertbezogene Analysen, wogegen letzterer häufig Analysen von Geschäftsprozessen auf der Basis von Entscheidungen „ja"/„nein" („go"/„no go") kennzeichnet.

lfd. Nr.	Q-Stufe	Bohren, Maschine	Schleifen, Maschine	Fräsen, Maschine
1	6	A2	RC2	LC1
2	5	A1	RC1	LC1
3	3	A1	RC1	LC2
4	7	A2	RC1	LC2
5	10	A2	RC2	LC1
6	1	A1	RC1	LC1
7	4	A1	RC2	LC2
8	2	A1	RC2	LC1
9	8	A2	RC2	LC2
10	9	A2	RC1	LC1

Um eine einfache Segmentation dieser Daten nach den einzelnen Maschinen je Arbeitsschritt zu erreichen, werden die einzelnen Zeilen wie folgt umsortiert:

Q-Stufe	Bohren, Maschine	Schleifen, Maschine	Fräsen, Maschine
1	A1	RC1	LC1
5	A1	RC1	LC1
3	A1	RC1	LC2
2	A1	RC2	LC1
4	A1	RC2	LC2
9	A2	RC1	LC1
7	A2	RC1	LC2
6	A2	RC2	LC1
10	A2	RC2	LC1
8	A2	RC2	LC2

Weiterhin werden die Mittelwerte der Qualitätsstufen $\overline{Q}$ je Maschinenkombination und die dazugehörige Abweichung vom Gesamt-Mittelwert $\overline{\overline{Q}} = 5{,}5$ berechnet, wie es folgende Übersicht zeigt:

Bearbeitung	Maschine	$\overline{Q}$	$\overline{Q} - \overline{\overline{Q}}$	Rang
Bohren	A1	3	−2,5	1
	A2	8	2,5	
Schleifen	RC1	5	−0,5	2
	RC2	6	0,5	
Fräsen	LC1	5,5	0	3
	LC2	5,5	0	

Der Einfluss der einzelnen Bearbeitungsschritte auf die Qualitätsstufen der Werkstücke wird nun anhand der Summe der Beträge $\overline{Q} - \overline{\overline{Q}}$ der jeweiligen Maschinen bewertet.

Der größte Wert dieser Abweichung hat den größten Einfluss auf das Ergebnis und erhält den Rang 1, der nachfolgend kleinere Wert den Rang 2 usw... Wie nun leicht zu erkennen ist, liefert die Maschine A2 im Mittel die höchste Qualität, gefolgt von der Maschine RC2. Insgesamt hat der Bearbeitungsschritt „Bohren" den größten Einfluss auf die Qualitätsstufe. Es sollen daher nicht nur die Maschinen, sondern auch die Bearbeitungsschritte segmentiert werden. Es hängt nun von der Betrachtung ab, wie viele Bearbeitungsschritte untersucht werden. Oft ist es hinreichend Bearbeitungsschritte von Rang 1 bis 3 zu berücksichtigen. Es kann aber auch nach dem Einfluss einzelner Bearbeitungschritte direkt hinterfragt werden, weshalb alle Bearbeitungsschritte mit höherem Rang mit zu untersuchen sind. Nachfolgende Tabelle stellt die Werte des Segmentation Tree für die Bearbeitungsschritte des Ranges 1 und 2 gegenüber:

Q-Stufe	Bohren	Bohren und Schleifen
	Rang 1	Rang 1,2
1	3	2,5
2	3	3,5
3	3	2,5
4	3	3,5
5	3	2,5
6	8	8,5
7	8	7,5
8	8	8,5
9	8	7,5
10	8	8,5

Das Bewertungskriterium $\overline{Q} - \overline{\overline{Q}}$ für das Ranking der Bearbeitungsschritte ist nicht zwingend. Um bspw. den Einfluss von Ausreißerwerten auf das Ranking zu verringern, werden auch die jeweiligen Mediane anstelle der Mittelwerte herangezogen. In jedem Fall empfiehlt sich eine abschließende grafische Darstellung, wie es bspw. in Abb. 3.14 für das angegebene Beispiel und die Daten der Segmentierungsstufen mit den höchsten Rängen erfolgt ist.

3.4.2 Dynamische Segmentierung von Daten

Im allgemeinen ist das Merkmal X und der dazugehörige Wertebereich K, welcher die vorliegenden Messwerte $Y(X_1, X_2 ...)$ am stärksten beeinflusst hat, nicht offensichtlich und muss rechnerisch aus der Vielzahl aller Merkmale X_i und der dazugehörigen Messwerte Y entsprechend Gl. 3.46 ermittelt werden:

$$Max\left\{Max_{K_1,1}\left[X_1\left(K_1\right), Y\right], Max_{K_2,2}\left[X_2\left(K_2\right), Y\right], ...\right\} \qquad (3.46)$$

Wenn die einzelnen Merkmale X_i unabhängig voneinander sind, gibt es für jedes einzelne Merkmal $X_i = (x_{i,1}, x_{i,2}...)$ in Gl. 3.46 ein Maximum bezogen auf die Änderung des Messwertes $\triangle Y$ im Intervall K:

$$\triangle Y_{K=max,i} = Max_{K,i}\left[X_i\left(K\right), Y\right] \qquad (3.47)$$

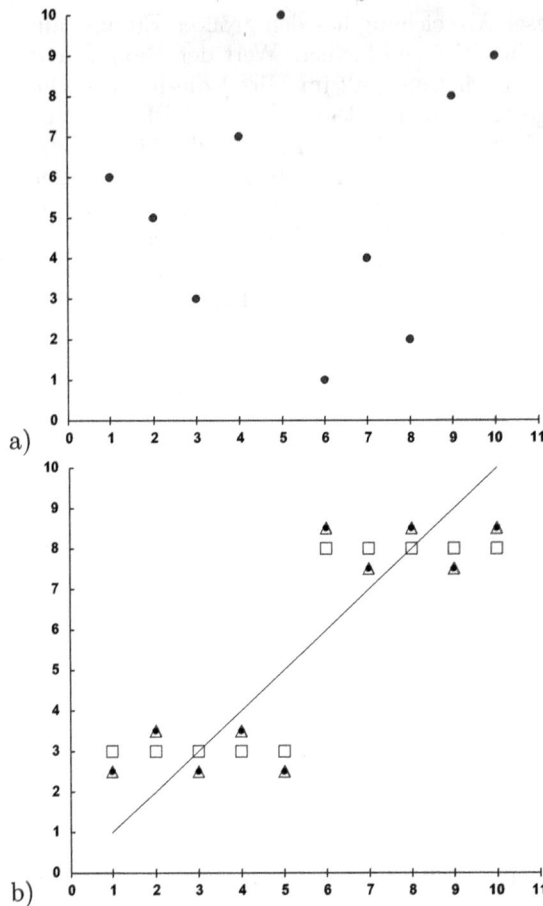

Abb. 3.14: *a) Reihenfolge der vorgefundenen Daten (Abszisse) mit den entsprechenden Qualitätsstufen (Ordinate). b) Werte der Segmentation (Symbole) bezogen auf die Ausgangsdaten „Q-Stufe" (durchgezogene Linie) und nach den Einflüssen der Bearbeitungsstufen „Bohren" (Rang 1, Quadrate), „Schleifen" (Rang 2, Dreiecke) und „Fräsen" (kein Einfluss, Rang 3, Punkte) entsprechend des angegebenen Beispiels sortiert.*

Dabei ist zu beachten, dass sich diese Segmentierung in Gl. 3.47 auf die Gruppierung der einzelnen Merkmalswerte und nicht auf deren Einstellgröße bezieht. D. h. bei dieser Segmentierung ist es durchaus zu erwarten, dass nicht zusammenhängende Merkmalswerte ($x_{i,1}, x_{i,17}, x_{i,23} \ldots$) einem Segment und die übrigen Werte einem oder mehreren weiteren Segmenten zugeordnet werden. Es wird also nicht nach zusammenhängenden Bereichen eines Merkmalswertes gesucht.

Sind die Merkmale X_i voneinander abhängig, erfolgt die Segmentierung höherdimensional, d. h. unter Berücksichtigung aller Merkmale gleichzeitig. Anschaulich kann dieses Vorgehen der Segmentierung aller Merkmale mit der Ermittlung von Höhenlinien für den Messwert $Y(X_1, X_2 \ldots)$ verglichen werden. Jenes Merkmal, dessen Merkmalswerte zwischen benachbarten Stufen von Y die stärkste Änderung der Einstellwerte aufweist, wird entsprechend Gl. 3.46 verwendet, um den Datensatz in zwei neue „Äste" aufzuspalten, wobei hier anschaulich eher von der Aufspaltung in einzelne Gebiete gesprochen werden kann. Anhand dieser „Äste" wird das Segmentierungsverfahren jeweils einzeln erneut durchgeführt, bis eine hinreichend genaue Aufspaltung erreicht wurde, d. h. die höherdimensionale Fläche von allen Mittelwerten der Einstellgrößen je Segment hinreichend gut diskretisiert wurde.

Bei jedem Segmentierungsverfahren kann erwartet werden, dass nach Abschluss eines Segmentierungsschrittes die Streuung der Messwerte Y um den Mittelwert des jeweiligen Segmentes $\overline{Y}_S$ reduziert worden ist. Ist dies nicht der Fall, erscheint es wenig lohnenswert nach weiteren Segmenten des Segmentation Tree zu suchen. Selbstverständlich kann es jedoch vorkommen, dass in einem kleineren nachfolgenden Segment der Einfluss eines Merkmals auf die dazugehörigen Messwerte Y sehr bedeutsam wird. Deshalb werden Segmentation Trees meist sehr detailliert aufgebaut und erst durch ein nachfolgendes Zurückrechnen (engl. „prune", dt. Zurückschneiden) auf die wesentlichen Segmente reduziert. Für dieses „pruning" werden die Segmente entsprechend einer Bewertungsfunktion Q ausgewählt, welche sich bspw. aus den quadratischen Abweichungen der Messwerte Y_i und dem Mittelwert aller Messwerte $\overline{Y}_i$ in diesem Segment zusammensetzt. Diese Abweichungen werden mit dem Verhältnis der Anzahl aller Datensätze N zur Anzahl der Datensätze N_i innerhalb eines Segmentes gewichtet, wie es Gl. 3.48 zeigt:

$$Q_i = \frac{N}{N_i} \sum_{i=1}^{N_i} \left(y_i - \overline{Y}_i \right)^2 + \alpha Q_{s>i} \qquad (3.48)$$

Kleinere Werte von Q_i in Gl. 3.48 zeigen eine bessere Anpassung des Segmentes an die Messwerte Y_i an als Segmente mit großen Werten von Q_i und werden daher beibehalten. Die übrigen Segmente (Äste) werden gelöscht. Gl. 3.48 ist rekursiv, da zusätzlich zur Bewertungsgröße Q_i des aktuellen Segments die Bewertung der Untersegmente $Q_{s>i}$ dieses Segments mit berücksichtigt wird. Denn wie schon angeführt, kann ein Segment, welches selbst keine wesentliche Reduzierung der quadratischen Abweichungen ermöglicht, Untersegmente s $(s > i)$ aufweisen, welche gerade in dieser Hinsicht herausragend sind. Der Anteil dieser Untersegmente auf die Bewertung des ausgewählten Segments i wird daher in Gl. 3.48 über den Faktor α kontrolliert und muss dem Umfang der Segmentierung entsprechend eingestellt werden $(0 < \alpha < 1)$.

Gl. 3.48 kann auch verwendet werden, wenn es um die Bewertung eines Segmentation Tree hinsichtlich der Anpassung an die Ausgangswerte insgesamt geht. Dazu werden die Terme der Gl. 3.48 für die Segmente mit der größten Entfaltung des Segmentation Tree verwendet. Abb. 3.15 zeigt bspw. die Anpassung eines Segmentation Trees an ca. 50 tausend Ausgangswerte, wobei die Anzahl der Untersegmente variiert.

Da einerseits ein Segmentation Tree zunächst umfassender aufgestellt wird, als dieser nach dem Zurückschneiden entsprechend Gl. 3.48 verwendet wird, andererseits aber die Anzahl der zu berechnenden Segmente nach jeder Segmentierung exponentiell wächst, ist es erforderlich, die Entwicklung des Segmentation Tree beim Aufbau entsprechend einzuschränken. Im einfachsten Fall werden hierzu die jeweils bei einer Segmentierung

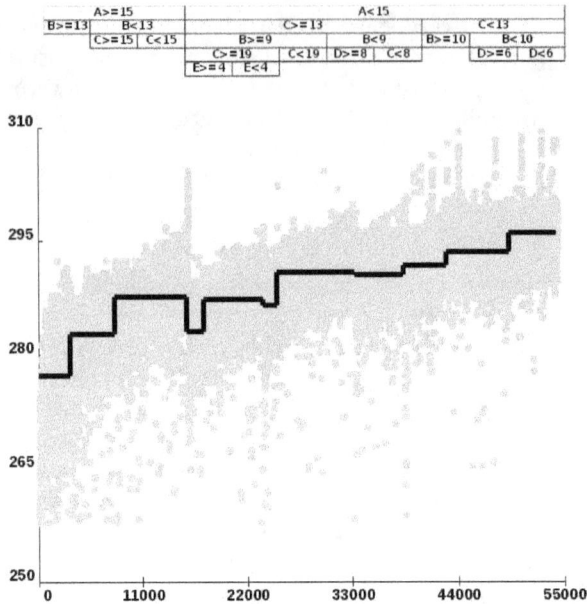

Abb. 3.15: *Beispiel für die Anpassung der Stufen eines Segmentation Tree an ca. 50.000 Ausgangswerte.*

berücksichtigten Segmente über ein Zufallsverfahren ausgewählt, dafür aber mehrere Segmentation Trees für den gleichen Datensatz aufgestellt und anschließend hinsichtlich der Anpassung an die Ausgangswerte beurteilt. Entsprechend heißt dieses Verfahren „Random Forest" (dt. „Zufälliger Wald"). Wird von einem einzelnen Segmentation Tree gesprochen, welcher nach dieser Strategie ermittelt und entsprechend Gl. 3.48 im Vergleich zu allen anderen Segmentation Trees ausgewählt wurde, spricht man auch von „Random Forest Tree" (dt. „Baum eines zufällig entstandenen Waldes") oder kurz „RFT". Die Angabe „RFT" ist wichtig, da somit klargestellt ist, dass es sich nicht um die optimale Lösung eines Segmentation Tree für diesen Datensatz handeln muss.

Eine weitere Variante des Verfahrens, welches sich nicht auf die zufällig ausgewählte Berechnung von Segmenten eines Segmentation Tree verlässt, ist das „Gradient Boosted Tree" (GBT)-Verfahren (dt. „Segmentierung mit Hilfe des steilsten Anstieges"). In dem GBT-Verfahren wird nur ein Segmentation Tree je Datensatz aufgestellt, die hinzukommenden Segmente aber anhand der kleinsten zu erwartenden Abweichung von den Ausgangswerten ausgewählt. Dieses Verfahren beruht auf Schätzungen über mehrere Stufen der zu erwartenden weiteren Segmentationen hinweg und ist daher sehr aufwendig. Die mit diesem GBT-Verfahren ermittelten Entscheidungsbäume werden entsprechend mit „GBT" gekennzeichnet.

3.4.3   Darstellungen mit „Segmentation Trees"

In jedem Segment eines Segmentation Tree werden die dazugehörigen Messwerte Y_i durch deren Mittelwert repräsentiert. Bei der Modellierung von Messwerten mit Hilfe eines Segmentation Tree handelt es sich deshalb um eine stückweise Approximation mit Hilfe von Konstanten. Wird dies berücksichtigt, können die im Abschnitt 4.3.1 vorgestellten Kenngrößen Reststreuung und Bestimmtheitsmaß auch zur statistischen Modellbewertung von Segmentation Trees angewandt werden. Da es sich bei Segmentation Trees jedoch nicht um eine geschlossene Funktion handelt und meist nur qualitative Merkmale verwendet werden, empfiehlt es sich, die Merkmalswerte und Messwerte in Tabellenform darzustellen, wie es im Abschnitt 3.4.1 vorgenommen wurde. Darüber hinaus sind Darstellungen wie in Abb. 3.16 üblich. Die in 3.16b gezeigte gekreuzte Darstellung von Teilen eines Segmentation Tree erlaubt in vielen Fällen eine schnellere Orientierung als die einfache Darstellung in Abb. 3.16a. Da die Verwendung einzelner Zahlenwerte für die Vorhersagen umfassender Segmentation Trees ohnehin kaum möglich ist, wird die gekreuzte Darstellung in Abb. 3.16b häufig in Verbindung mit einer Farbkodierung verwendet, welche den Vorhersagewert repräsentiert.

3.4.4   Ersatz fehlender Merkmalswerte

In vielen Fertigungsumgebungen kann auf die durchgehende Erfassung aller Merkmale eines jeden Produktes verzichtet werden, ohne auf ein hohes Niveau der statistischen Qualitätskontrolle zu verzichten. In diesen Fällen werden nur zufällig ausgewählte Produkte für die Fertigungsüberwachung erfasst. Dies führt dazu, dass bei der Analyse von Fertigungsmerkmalen sehr viele Produkte untersucht werden müssen, was der enorme Vorteil der Segmentierung von Daten ist, jedoch die zur Verfügung stehenden Datensätze je einzelnem Produkt immer unvollständig sind. Häufig ist es so, dass trotz einer sehr umfangreichen Untersuchung mit hunderten von Merkmalen und tausenden Datensätzen am Ende kein einziger Datensatz vorliegt, welcher auch nur annähernd alle Einstellwerte enthält. Wollte man sich bei der Segmentierung dieser Fertigungsmerkmale immer nur auf jene Datensätze beschränken, deren überwiegende Anzahl von Einstellwerten vorhanden sind, wäre das Verfahren gar nicht möglich oder in der Vorhersagegenauigkeit stark eingeschränkt.

Einerseits könnten nun fehlende Werte in einem neuen Merkmalswert zusammengefasst werden, um z. B. zu untersuchen, ob mit der Erfassung (Messung) eines Merkmals ein Einfluss auf das Produkt verbunden ist. Dies entspricht jedoch nicht der Fragestellung, die Einstellwerte der wichtigsten Bearbeitungsstufen für die Produktqualität herauszufinden. Andererseits ist es möglich, für fehlende Werte einen Ersatz (engl. „surrogate") zu schaffen. Aufgrund dieses Ersatzes für einen fehlenden Wert des Datensatzes wird bei der Aufstellung eines Segmentation Tree „nur" entschieden, zu welcher Gruppe der entsprechende Datensatz im Verlaufe der Segmentierung gehört. Es handelt sich bei diesem Ersatz also nicht um die Schätzung eines konkreten Einstellwertes. Diese Bewertung fehlender Einstellgrößen wird in jeder Stufe der Segmentierung neu durchgeführt. Selbstverständlich kann der Segmentation Tree unter der Berücksichtigung alternativer Entscheidung für fehlende Einstellwerte ebenfalls verfolgt werden, um so den Einfluss möglicher Fehlentscheidungen am Ende der Segmentierung abschätzen zu können.

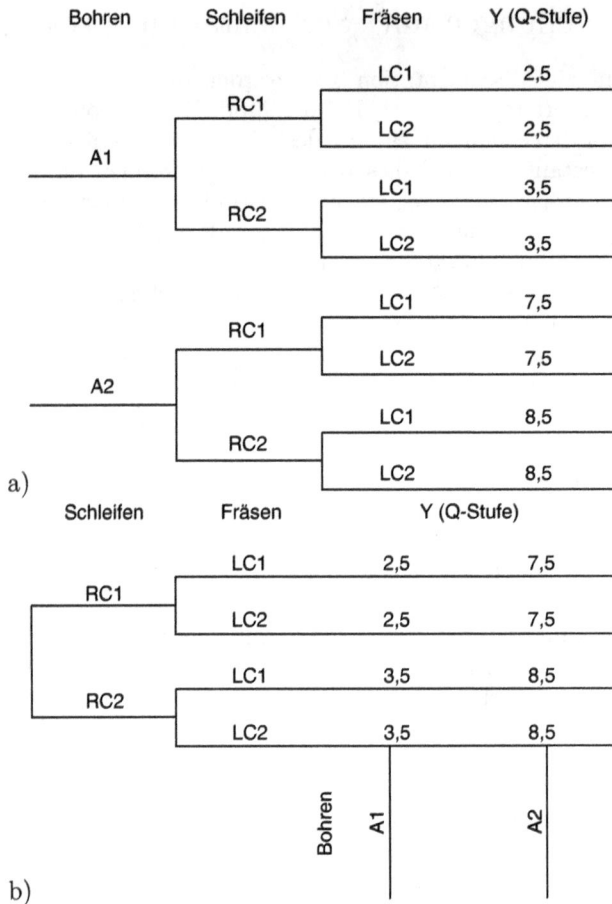

Abb. 3.16: *Darstellung eines Segmentation-Tree-Modells für die erzielten Qualitätsstufen nach den Bearbeitungsschritten „Bohren", „Schleifen" und „Fräsen" als a) einfache Baumdarstellung und b) gekreuzte Baumdarstellung.*

Im Segmentierungsschritt wird für den fehlenden Einstellwert eines Datensatzes berücksichtigt, wie viele Merkmalswerte tatsächlich in diesem Segment vorhanden sind und in welchen Gruppen diese vorkommen. Im einfachsten Fall wird der zu ersetzende Merkmalswert jener Gruppe der Merkmalswerte zugeordnet, welche die größte Häufigkeit hat. Entscheidungen, unter welchen Voraussetzungen das Einbeziehen von Ersatzwerten bei der Segmentierung erlaubt werden kann, sind sehr spezifisch für jeden Anwendungsfall festzulegen.

4 Versuchsplanung und Modellierung

4.1 Grundlagen der Versuchsplanung

Die Entwicklung statistischer Versuchspläne und deren Auswerteverfahren dazu wurde mit der allgemeinen Verfügbarkeit der Computertechnik im vergangenen Jahrhundert sehr stark voran getrieben und mathematisch ausgebaut. Ein wesentlicher Vertreter dieser klassischen Periode der Versuchsplanung ist Douglas C. Montgomery[XVI]. Seit den 80er Jahren des letzten Jahrhunderts hat die Qualitätssicherung/Statistik und insbesondere auch die Statistische Versuchsplanung durch die Arbeiten von Gen'ichi Taguchi[XVII]eine neue Richtung erfahren, welche vor allem in der industriellen Fertigung großen Anklang gefunden hat, aber in akademischen Kreisen bis heute nicht unwidersprochen geblieben ist. Einer der wesentlichen Unterschiede zwischen der klassischen Versuchsplanung und der Versuchsplanung nach Taguchi liegt in der Herangehensweise. Nach Taguchi wird der ingenieurwissenschaftliche Fachverstand und die Prozesserfahrung für die Versuchsplanung sehr hoch bewertet und die Auswertung auf einfache mathematische Verfahren beschränkt, um eine maximale Transparenz der abgeleiteten Aussagen für alle an der Planung und Durchführung der Experimente Beteiligten zu gewährleisten. Im Gegensatz zur klassischen Versuchsplanung ist es daher nicht das vordergründige Ziel der Versuchsplanung nach Taguchi, explizite mathematische Modelle (Regressionsmodelle) zu erzeugen.

4.1.1 Anzahl statistischer Versuche und Versuchsstrategien

Statistische Untersuchungen werden immer an einer Fragestellung ausgerichtet, welche es näher zu untersuchen gilt. Stellt sich eine Fragestellung als sehr umfassend heraus, sollte von Anfang an die Möglichkeit einer Serie von Versuchsplänen in die Planung einbezogen werden, um flexibel auf den Fortgang der Untersuchungen reagieren zu können und das Kostenrisiko bei einem Scheitern der Untersuchung zu vermindern. Außerdem ist die Durchführung von sehr umfassenden und lang andauernden Versuchsserien für einen einzelnen Versuchsplan mit einem größeren Einfluss von Störgrößen behaftet, als es kleinere Versuchsserien sind. Hinzu kommt, dass, wenn ein einzelner Versuchsplan abgebrochen werden muss, im allgemeinen ein erheblicher Informationsverlust entsteht, auch wenn dieser Versuchsplan noch teilweise ausgewertet werden kann. Die Planung solcher Versuchsstrategien ist sehr spezifisch und muss anhand von Fallbeispielen diskutiert werden. Keinesfalls sollte eine Versuchsplanung begonnen werden, wenn nicht das einschlägige Fachwissen des zu untersuchenden Prozesses vorhanden ist. Im Zweifelsfall ist ein Expertenteam zu Rate zu ziehen, welches naturgemäß einerseits dazu neigt, die

Komplexität der Aufgabenstellung zu überschätzen, andererseits aber dafür sorgt, dass die Untersuchungen mit dem nötigen offenen Blick begonnen werden.

Der Umfang statistischer Datenerhebungen in diesem Abschnitt bezieht sich daher auf die Durchführung eines einzelnen statistischen Versuchsplans mit N Versuchen und auf einen Prozess, dessen tatsächliche Streuung σ bekannt ist oder geschätzt werden kann. Sind diese Bedingungen nicht erfüllt, muss zunächst untersucht werden, ob die Stabilität des Prozesses ausreicht, um eine Optimierung bzw. Untersuchung überhaupt vornehmen zu können. Das Vertrauen, welches in die Aussagen einer statistischen Auswertung eines gesamten Versuchsplans gelegt werden kann, hängt also entscheidend von zwei Bedingungen ab:

1. Mit welcher statistischen Sicherheit die tatsächliche Prozesslage bei der Durchführung eines einzelnen Versuchs erkannt wird.

2. Mit welcher statistischen Sicherheit Abweichungen der Versuchsergebnisse zwischen Versuchen mit unterschiedlichen Werten der Einstellgrößen erkannt werden.

Die erste dieser Bedingungen führt auf die bereits im Abschnitt 3.2.2 vorgestellte Operationscharakteristik. Die grafische Darstellung in Abb. 3.8 ist ein wertvolles Hilfsmittel für die Planung, wie oft (k - fach) ein einzelner Versuch durchgeführt werden muss, um eine tatsächliche Prozessabweichung mit einer bestimmten statistischen Sicherheit zu erkennen.

Die zweitgenannte Bedingung ist schwieriger zu quantifizieren und setzt voraus, dass die Streuung σ des zu untersuchenden Prozesses im gesamten Bereich, welcher für die Variation der Einstellgrößen ausgewählt wurde, als hinreichend bekannt vorausgesetzt werden kann. Ist diese Bedingung erfüllt, kann ein Mindestunterschied zwischen dem mittleren Versuchsergebnis $\overline{Y}$ und den Versuchen Y_j mit unterschiedlichen Werten der Einstellgrößen gefordert werden, welcher genau einem bestimmten Signifikanzniveau der Operationscharakteristik in Abb. 3.8 entspricht. Hierbei wird davon ausgegangen, dass der Versuchsplan um den Erwartungswert der Grundgesamtheit zentriert ist und der Mittelwert aller Versuche $\overline{Y}$ eine gute Näherung für den Erwartungswert darstellt. Die statistische Sicherheit, welche für die Ergebnisse der Versuche eines festgelegten Versuchsplans mindestens angenommen werden kann, ergibt sich aus der Operationscharakteristik zu (vergl. Gl. 3.33):

$$OC\left(N, \frac{Min\,|\overline{Y} - Y_j|}{\sigma}\right) \qquad (4.1)$$

Ausgehend von Gl. 4.1 zeigt Abb. 4.1 die Mindestanzahl der Versuche N je Versuchspunkt, um eine bestimmte Abweichung $|\Delta| = \frac{\overline{Y} - Y_j}{\sigma}$ auf einem gegebenen Signifikanzniveau feststellen zu können.

Um Abb. 4.1 zu illustrieren, sei angenommen, dass ein Versuchsplan zur Bestimmung eines elektrischen Widerstandes mit 9 unterschiedlichen Versuchspunkten durchgeführt werden soll und dass für den zu untersuchenden Prozess im geplanten Versuchsgebiet

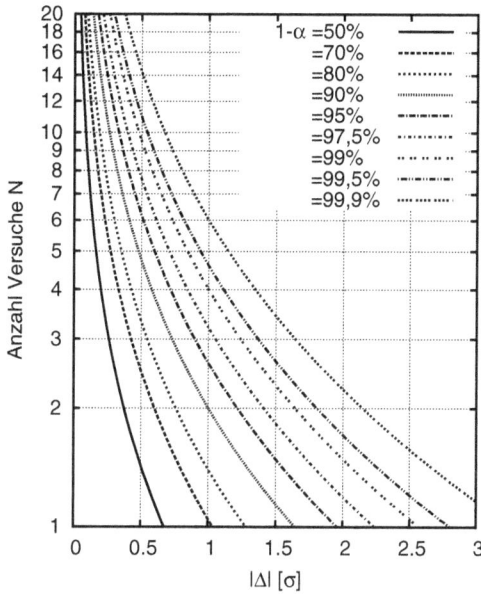

Abb. 4.1: *Darstellung des Stichprobenumfanges N in Abhängigkeit der zweiseitigen Abweichung der Versuchsergebnisse $|\Delta| = \frac{\overline{Y}-Y_j}{\sigma}$ vom Mittelwert aller Versuche $\overline{Y}$ für unterschiedliche Signifikanzniveaus und entsprechend der Operationscharakteristik in Abb. 3.8.*

eine Streuung der Zielgröße von $\sigma = 0{,}23\,\Omega$ geschätzt worden ist. Wird jeder Versuch zwei mal durchgeführt ($N = 2$), kann eine Prozessabweichung von einem σ mit einer statistischen Sicherheit von etwa 90 %, aufgrund der Operationscharakteristik in Abb. 4.1, erkannt werden. Gleichzeitig wird gefordert, dass die Werte der Einstellgrößen so zu variieren sind, dass die einzelnen Versuchsergebnisse mindestens um $0{,}23\,\Omega$ ($1 \times \sigma$) verschieden sind. Wird jeder Versuch dieses Versuchsplans mindestens drei mal wiederholt, können Versuchsergebnisse von $0{,}75 \times \sigma$ ($0{,}172\,\Omega$) mit gleicher Irrtumswahrscheinlichkeit (90 %) oder Abweichungen von einem σ mit 97,5 %iger statistischer Sicherheit erkannt werden. Ist eine Untersuchung von Abweichungen gleich oder größer einem σ geplant, zeigt die Operationscharakteristik in Abb. 4.1, dass mehr als 6 Wiederholungen je Versuch kaum sinnvoll sind.

4.1.2 Orthogonalität von Versuchspunkten

Das Ziel der statistischen Versuchsplanung ist es, die Variation von Einflussgrößen eines Prozesses derart empirisch festzulegen, dass keine statistischen Wechselwirkungen zwischen den variierten Einstellgrößen erzeugt werden. Damit lässt sich die empirische Standardabweichung aller Versuchsergebnisse s_{Total} (oder s_T) auf die einer jeden *i*ten - Einstellgröße ($i = A, B, C, \ldots$) zurückführen:

$$s_T^2 = s_A^2 + s_B^2 + s_C^2 + \ldots \tag{4.2}$$

Diese wichtigste aller Eigenschaften von statistischen Versuchsplänen nennt man Orthogonalität, welche z. B. daran zu erkennen ist, dass die Korrelationsmatrix der Einstellgrößen keine von Null verschiedenen Nebendiagonalelemente enthält.

Es sei hier angemerkt, dass sich Gl. 4.2 nur auf das Design eines Versuchsplans bezieht, welcher evtl. in der Literatur vorgefunden wurde, nicht aber auf die Durchführung der Versuche. D. h. wurden tatsächlich weniger Einstellgrößen verwendet, als es das Design des Versuchsplans erlaubt, ist die Orthogonalitätsbedingung in Gl. 4.2 nicht verletzt, wie noch im Abschnitt 4.2.2 noch ausführlich diskutiert wird.

4.1.3   Varianzanalyse und Effekte

Zentraler Bestandteil der Auswertung von statistischen Versuchsplänen ist die Varianzanalyse (ANOVA). Bei der ANOVA handelt es sich um eine ganze Gruppe von Auswerteverfahren statistischer Versuchen, welche immer angepasst an die jeweilige Untersuchung durchgeführt und deshalb auch sehr umfassend sein kann. Es gibt sehr viele und unterschiedliche Sichtweisen, wie die Ergebnisse einer ANOVA dargestellt werden. So kann z. B. die ANOVA auch für die Bewertung statistischer Modelle erstellt werden, welche auf empirischen statistischen Daten beruhen, die also nicht aus statistischen Versuchsplänen hervorgegangen sind. Es geht bei einer ANOVA jedoch im Kern immer darum aufzuzeigen und zu vergleichen, wie stark der Einfluss der jeweiligen Einflussgröße bzw. einer möglichen Fehlergröße auf das Versuchsergebnis ist und welche statistische Signifikanz diese Aussage hat.

Eine ANOVA welche für einen statistischen Versuchsplan ausgeführt wird setzt die Orthogonalität der Versuchspunkte und im Falle eines statistischen Tests auch die normalverteile Grundgesamtheit der Werte voraus.

Die ANOVA eines statistischen Versuchsplans ohne Berücksichtigung der Regressionsmodellanalyse wird durchgeführt, indem die Variationen des Versuchsergebnisses Y bei den n konstanten Niveaus Einstellgröße QS_a und zwischen den k-fachen Werten eines konstanten Niveaus dieser Einstellgröße QS_e verglichen werden:

$$QS_{a,A} = n_A \sum_{i=1}^{nA} \left(\overline{Y}_{A,i} - \overline{\overline{Y}} \right)^2 \tag{4.3}$$

$$QS_{e,A} = \sum_{i=1}^{kA} \left(Y_i - \overline{Y}_{A,i} \right)^2 \tag{4.4}$$

Aus den Werten QS_a und QS_e mit den Feiheitsgraden $k-1$ bzw. $n-k$ erhält man die Prüfgröße der F-Verteilung für die Hypothese H_0, dass beide Terme in Gln. 4.3 und 4.4 statistisch gleich sind, die Einstellgröße also keinen signifikanten Einfluss auf das Versuchsergebnis Y hat:

$$F_{krit,k-1,n-k} = \frac{\frac{1}{k-1}QS_a}{\frac{1}{n-k}QS_e} \tag{4.5}$$

Durch die Festlegung eines Signifikanzniveaus $1 - \alpha$ wird die Hypothese H_0 verworfen, wenn $F_{krit,k-1,n-k} > F_{1-\alpha,k-1,n-k}$ ist.

Für die Zusammenstellung der Ergebnisse der ANOVA werden oft verschiedene Irrtumswahrscheinlichkeiten α berücksichtigt und entsprechend gekennzeichnet (z. B. $\alpha = 0{,}5\,\%$ „***"; $\alpha = 1\,\%$ „**";$\alpha = 5\,\%$ „*").

Bei der Auswertung von Versuchsplänen wird häufig von Effekten gesprochen, welche die Wirkungen einer Einstellgröße auf die Versuchsergebnisse verdeutlichen. In Anlehnung an Gl. 4.4 handelt es sich bei den Effekten nicht um die quadratische, sondern um die lineare Abweichung der Versuchsergebnisse vom Mittelwert aller Versuchsergebnisse, wenn eine Einstellgröße A auf einer Stufe A_i konstant gehalten wurde. Dabei ergeben sich je Stufe i in der Regel gleich viele Wiederholungen $n(i)$:

$$Effekt(A_i) = \frac{1}{n(i)} \sum_{l=1}^{n(i)} Y(A_{i,l}) - \overline{Y} \qquad (4.6)$$

Wurden bspw. für zwei Stufen der Einstellgröße A die Versuchsergebnisse $Y(A_1) = 7$, $Y(A_1) = 6$, $Y(A_1) = 5$ und $Y(A_2) = 7$, $Y(A_2) = 8$, $Y(A_2) = 9$ erzielt, ergibt sich der Mittelwert aller Versuchsergebnisse zu:

$$\overline{Y} = (7 + 6 + 5 + 7 + 8 + 9)/6 = 7$$

Entsprechend Gl. 4.6 erhält man für die Effekte der Einstellgröße A:

$$Effekt(A_1) = (7 - 7 + 6 - 7 + 5 - 7)/3 = -1$$
$$Effekt(A_2) = (7 - 7 + 8 - 7 + 9 - 7)/3 = 1$$

Es ist nicht ganz korrekt, aber aus der Sicht der täglichen Arbeit durchaus gleichberechtigt, wenn die Effekte der Stufen einer Einstellgröße nicht auf den Mittelwert aller Versuchsergebnisse bezogen werden, wie es Gl. 4.7 zeigt, was für die Interpretation und grafische Darstellungen manchmal vorteilhaft erscheint:

$$Effekt(A_i) = \frac{1}{n(i)} \sum_{l=1}^{n(i)} Y(A_{i,l}) \qquad (4.7)$$

In diesem Fall ergibt sich aus den genannten Versuchsergebnissen für den $Effekt(A_1) = 6$ bzw. $Effekt(A_2) = 8$. Eine Verwechslung ist auf jeden Fall ausgeschlossen, da sich die Werte der Effekte zwischen den Gln. 4.6 und 4.7 deutlich voneinander unterscheiden.

Die Information, wie stark die einzelnen Werte eines Effektes $Y(A_{i,l})$ bzw. $Y(A_{i,l}) - \overline{Y}$ (siehe Gln. 4.6 bzw. 4.7) untereinander streuen, zeigt an, wie stark der $Effekt(A_{i,})$ durch die Variation der übrigen Einstellgrößen B, C.. beeinflusst wird. Diese „Streuung der Effekte" $\sigma_{Effekt(A_{i,})}$ ist für jede Stufe einer Einstellgröße unterschiedlich und hat sich als sehr nützlich erwiesen, wenn Einstellwerte hinsichtlich deren Robustheit gegenüber Schwankungen anderer Einstellgrößen bewertet werden sollen. Allerdings ist die

Angabe der Streuung der Effekte in der Literatur wenig verbreitet:

$$\sigma^2_{Effekt(A_{i,})} = \frac{1}{n(i) - 1} \sum_{l=1}^{n(i)} [Y(A_{i,l}) - Effekt(A_{i,})]^2$$

Wie später am Beispiel der Auswertung eines Versuchsplans für die Optimierung des Widerstandes einer Leitbahn noch gezeigt wird, lassen sich die Werte der Streuung der Effekte recht gut als „Fehlerbalken" in der grafischen Darstellung der Effekte verwenden (siehe Abb. 4.2).

Anstelle von Stufen einer Einstellgröße wird bei der Auswertung von Versuchsplänen auch häufig von „level" gesprochen. Bei den später noch vorgestellten teilfaktoriellen Versuchsplänen werden die Terme in Gln. 4.3 und 4.4 auch als $SQ_A(level) = QS_{a,A}$ und $SQ_A(effect) = QS_{e,A}$ bezeichnet. Als kleine Kontrollrechnung bei der eigenen Auswertung von Versuchsplänen kann ausgenutzt werden, dass $SQ_X(effect) + SQ_X(level)$ für jede Einstellgröße $X = A, B, C..$ eines Versuchsplans den gleichen Wert ergeben muss. Wie noch gezeigt wird, ist es sehr zweckmäßig neben der Prüfgröße in Gl. 4.5 bei diesen Versuchsplänen das „contribution ratio" einer Einstellgröße A als Quotient von $SQ_A(effect)$ und $SQ_A(level)$ wie folgt anzugeben:

$$contribution\ ratio\,(A) = \frac{SQ_A(effect)}{SQ_A(effect) + SQ_A(level)}$$

Durch die Angabe des contribution ratio wird der relative Anteil einer Einstellgröße an der in den Versuchsergebnissen vorgefundenen Gesamtstreuung beschrieben. In der Literatur werden für das contribution ratio die Symbole r oder ρ verwendet, was jedoch zur Verwechslung mit dem statistischen Korrelationskoeffizienten führt und daher hier nicht weiter verfolgt wird, allerdings sind Abkürzungen wie „contrib. ratio" oder auch „cr" möglich.

Ist die Summe der contribution ratio aller Einstellgrößen eines Versuchsplans kleiner 1 (oder kleiner 100 %), kann die in den Versuchsergebnissen vorgefundene Streuung nicht vollständig durch die Variation der Einstellgrößen entsprechend dem Design des Versuchsplans erklärt werden. Dieser Fall kommt recht häufig vor und der somit verbleibende Anteil wird als Fehleranteil oder „error" ausgewiesen. Dieser Fehleranteil zeigt u. a. nicht berücksichtigte Wechselwirkungen von Einstellgrößen oder zusätzliche Störeinflüsse auf die Versuchsergebnisse an und ist daher eine wertvolle Information. Sollte die Summe aller contribution ratio jedoch größer als 1 sein, liegt meistens ein Fehler im Design des Versuchsplans vor oder es wurden nicht alle Versuche des Versuchsplans bei der Auswertung berücksichtigt, da die Orthogonalitätsbedingung in Gl. 4.2 verletzt ist.

4.2   Statistische Versuchsplanung

Statistische Versuchspläne beruhen auf einer Folge von empirischen Untersuchungen und stellen eine typische ingenieurtechnische Herangehensweise für die Untersuchung und Optimierung technologischer Prozesse dar. In Versuchsplänen liegt einer Folge von Versuchen bei vorgegebener Variation der Einstellgrößen ein Design zugrunde, unabhängig davon, ob diese empirischen Untersuchungen in einer fest vorgegebenen oder zufällig ausgewählten Reihenfolge, welche als „Randomizierung" bezeichnet wird, abgearbeitet werden. Durch Randomizierung kann der Einfluss von Störgrößen auf das Versuchsergebnis untersucht bzw. reduziert werden, jedoch lässt sich dieses Verfahren aufgrund technischer Randbedingungen, wie z. B. dem mehrfachen Einrichten von Maschinen, nicht immer durchführen. Beim Design eines Versuchsplans stehen die Fragestellung und die Auswertemethode im Vordergrund und eine Randomizierung wird nicht zwingend zugrunde gelegt. Auf den statistischen Einfluss einer Randomizierung auf die Prozessergebnisse eines Versuchsplans bei mehrfacher Abarbeitung soll daher im Folgenden nicht eingegangen werden.

Aufgrund der hohen Zeit- und Kostenrisiken, welche in der industriellen Fertigung häufig mit der Durchführung von Versuchsplänen verbunden sind, legen viele Unternehmen bestimmte Versuchspläne fest, für welche im Unternehmen bereits Erfahrungen vorliegen und erprobte Auswertewerkzeuge existieren. Abweichende Versuchspläne, insbesondere auch D-optimale Versuchspläne, können im Einzelfall sehr sinnvoll sein, müssen jedoch genau begründet werden können. Die Auswahl der im Folgenden vorgestellten Versuchsplantypen beschränkt sich daher auf die allgemein am häufigsten in Unternehmen anzutreffenden Typen, welche jedoch noch erheblichen Spielraum zur Anpassung an die jeweiligen Untersuchungen offen lassen.

Das Grundgerüst eines jeden Versuchsplans bilden Faktoren, welche im Design eines Versuchsplans in verschiedenen Stufen (auch „level" genannt) verwendet werden und die Lage der Versuchspunkte zueinander festlegen. Es ist üblich, diese Stufen mit ganzen Zahlen, wie 1,2,3.. oder $-1,0,1$ zu beschreiben. Wird ein Versuchsplan für die Durchführung von Versuchen verwendet, werden diesen Faktoren konkrete Einstellgrößen (kurz EG genannt) zugeordnet und die Stufen entsprechend den tatsächlichen Erfordernissen skaliert. Es ist darauf zu achten, dass durch diese Skalierung nicht die Verhältnisse der Stufen eines Faktors untereinander verändert werden. Bspw. können die Stufen 1, 2, 3 bei der Zuordnung zu einer bestimmten Einstellgröße durchaus auf 60, 80 und 100 abgeändert werden, ohne den Versuchsplan zu verfälschen. Es ist jedoch nicht möglich, diese Stufen auf 60, 90 und 100 festzulegen, da dies nicht einer linearen Skalierung entspricht. Von dieser Skalierung einmal abgesehen, ist die Zuordnung von Einstellgrößen zu den Faktoren eines Versuchsplans keineswegs trivial, da z. B. auch Wechselwirkungen der Einstellgrößen zu berücksichtigen sind und so die Auswertung des Versuchsplans erheblich beeinflusst werden kann. Daher wird dieser Zuordnung von Einstellgrößen zu Faktoren zu Beginn der Arbeit mit einem Versuchsplan große Bedeutung beigemessen und in einer sog. Belegungstabelle dokumentiert, wie es bspw. Tab. 4.1 zeigt.

4.2.1 Voll faktorielle Versuchspläne (VFV)

Die wohl älteste und am weitesten verbreitete Gruppe klassischer Versuchspläne sind die voll faktoriellen Versuchspläne (VFV). Für einen VFV gibt es kein festgelegtes Design, sondern Regeln, nach welchen solche Versuchspläne aufgestellt und an die Erfordernisse der jeweiligen Untersuchung angepasst werden können. Ein VFV besteht immer aus drei Gruppen von Versuchen: Eckpunkte, Sternpunkte und einen oder mehreren

Tab. 4.1: *Beispiel für die Dokumentation der Zuordnung von Einstellgrößen zu den Faktoren eines Versuchsplans in einer sog. Belegungstabelle. In dieser Zuordnung wurde der Faktor C des Versuchsplans nicht für eine Einstellgröße verwendet, was sehr wichtig für die spätere Auswertung ist.*

Faktor	A	B	C (AxB)
EG	Temperatur	Leistung	–
Level			
1	90 °C	5W	–
2	–	7W	–
3	120 °C	9W	–

Zentralpunkten (auch α- Punkte genannt). Ein solcher VFV wird auch als zentral zusammengesetzter Versuchsplan bezeichnet. Tab. 4.2 zeigt einen VFV für drei Faktoren A, B, C, welche jeweils auf den 5 Stufen $\{-\alpha, -1, 0, +1, +\alpha\}$ untersucht werden.

Tab. 4.2: *Voll Faktorieller Versuchsplan mit den Faktoren A, B und C und der Angabe der relativen Lage der level zueinander.*

Nr.	A	B	C
Eckpunkte			
1	−1	−1	−1
2	+1	−1	−1
3	−1	+1	−1
4	+1	+1	−1
5	−1	−1	+1
6	+1	−1	+1
7	−1	+1	+1
8	+1	+1	+1
Sternpunkte			
9	$-\alpha$	0	0
10	$+\alpha$	0	0
11	0	$-\alpha$	0
12	0	$+\alpha$	0
13	0	0	$-\alpha$
14	0	0	$+\alpha$
Zentralpunkt(e)			
15	0	0	0
16	0	0	0

Vergleicht man die Anordnung der Versuchspunkte des VFV in Tab. 4.2 mit der Lage bezüglich der Ecken eines Würfels, wird schnell die Bedeutung der Versuchspunktgruppen „Eckpunkt",„Sternpunkt" und „Zentralpunkt" klar und es ist sehr leicht, VFV für beliebig viele Einstellgrößen selbst aufzustellen. Die Lage α der Sternpunkte hängt entsprechend Gl. 4.8 von der Anzahl der Faktoren des Versuchsplans (Anzahl Eckpunkte $N_{Eckpunkte}$) sowie der Gesamtanzahl aller Versuche im Versuchsplan (Anzahl Eckpunkte N_{VFV}) ab und wird vor allem für die Modellierung von nichtlinearen Einflüssen der Einstellgrößen auf die Versuchsergebnisse benötigt.

$$\alpha = \sqrt{N_{VFV} N_{Eckpunkte}} - N_{Eckpunkte} \tag{4.8}$$

Im Beispiel von Tab. 4.2 ist $N_{Eckpunkte} = 8$, $N_{VFV} = 16$ und es ergibt sich ein Wert $\alpha = 1,82$ für die Sternpunkte. Aufgrund ihres Designs haben VFV eine große Bedeutung für die Erstellung von statistischen Modellen, welche auf ganzen rationalen Funktionen beruhen. Mit zunehmender Anzahl von Einstellgrößen potenziert sich der Umfang klassischer Versuchspläne jedoch, weshalb VFV gern auf wenige Einstellgrößen beschränkt werden, wie es bspw. am Ende einer größeren statistischen Untersuchung möglich ist. Da die Auswertung von VFV oft mit hohem mathematischen Aufwand, insbesondere mit dem Ziel der Erstellung eines statistischen Modells erfolgt, sollte vor Beginn der Auswertung dieser Aufwand gerechtfertigt werden.

Im Vergleich zu anderen Versuchsplan-Arten, welche auf Stern- und Zentralpunkte verzichten, profitiert ein mathematisches Modell von der Anordnung der Versuchspunkte in einem VFV, denn aufgrund der Stern- und Zentralpunkte können sowohl die Randbereiche als auch das Zentrum des Versuchsgebietes recht gut modelliert werden. Das mathematische Modell erfordert aber nicht zwingend die Orthogonalität des Versuchsplans. Ein mathematisches Modell lässt sich daher auch dann mit Hilfe der Daten eines VFV erstellen, sollte ein Versuchspunkt nicht vorhanden oder verloren gegangen sein. Die später noch zu diskutierenden Effekte eines Versuchsplans stehen bei VFVs nicht im Vordergrund, sind jedoch, genau wie die Varianzanalyse, auch nur bei vollständig durchgeführten Versuchsplänen aussagekräftig. Das Beispiel in Tab. 4.3 zeigt die Auswertung eines einfachen VFV für 2 Einstellgrößen in einer typischen Zusammenstellung der Ergebnisse, jedoch ohne statistische Modellierung, welche in einem folgenden Kapitel vorgestellt wird.

4.2.2 Teilfaktorielle Versuchspläne (TFV, Taguchi)

4.2.2.1 Eigenschaften und Anwendung von TFV

Die Möglichkeiten teilfaktorieller Versuchspläne sind sehr vielfältig und gehen hinsichtlich der Anzahl der Einstellgrößen weit über die Realisierbarkeit klassischer VFV hinaus. Im einfachsten Fall kann ein TFV aus den Eckpunkten des VFV gebildet werden. Ein TFV kann aber auch nur aus einer Untergruppe der Eckpunktversuche eines VFV bestehen, soweit diese zueinander orthogonal sind. Somit kann eine Folge von TFV schließlich auch in einen großen, übergeordneten VFV münden. In den meisten Fällen werden aber spezielle TFV angewandt, welche sich nur teilweise für einen VFV nutzen lassen, falls dies überhaupt beabsichtigt ist. TFVs erlauben jedoch nicht nur eine statistische Analyse bereits nach einer reduzierten Anzahl von Versuchen im Vergleich zu einem VFV, sondern ermöglichen vor allem die Untersuchung von Wechselwirkungen zwischen den Einflussgrößen, ohne dass dies eine explizite statistische Modellierung erfordert. Darin liegt aber zugleich die Schwierigkeit, denn das Design eines TFV muss sehr genau auf die Einstellgrößen, deren zu erwartende Wechselwirkungen und mögliche Störeinflüsse abgestimmt sein.

Tab. 4.3: *Beispiel: VFV für Einflussgrößen A, B und mit Ergebnissen Y und Effekt- sowie Varianzanalyse.*

Versuchsplan:

A	B	Y
1	−1	1
−1	−1	6
1	1	4
−1	1	4
1	−1	3
−1	−1	6
1	1	6
−1	1	8
−1,2	0	3
1,2	0	2
0	−1,2	4
0	1,2	5
0	0	0

Level und Effekte:

Level L	h(L)	$\overline{A}$	$\overline{B}$	Effekt($\overline{A}$)	Effekt($\overline{B}$)
−1	4	6	4	1,727	0,091
0	3	3	3	1,667	-1,273	-2,242
1	4	3,5	5,5	-0,773	1,591

Varianzanalyse:

EG	h(EG)	$\overline{EG}$	$\sum e$	f	$\sum X$	$\frac{\sum e}{f-h(F)}$	$\frac{\sum EG}{h(F)-1}$	F_{krit}
A	11	4,273	35,000	3	71,668	4,375	35,934	8,2
B	11	3,909	33,667	3	85,884	4,208	42,942	10,2*
total	13	4,000	60,000					

Eine Sammlung erprobter TFV stellen die Versuchspläne nach G. Taguchi („Taguchi-Versuchspläne") dar, deren Stärke die grafische Veranschaulichung von möglichen Wechselwirkungen zwischen Einstellgrößen ist. Auf diese Versuchspläne soll hier näher eingegangen werden.

Taguchi-Versuchspläne werden allgemein mit „L_x" gekennzeichnet, wobei x die Anzahl der Versuche benennt (der Versuchsplan hat damit $f = x - 1$ Freiheitsgrade). Hinzu kommt die Angabe, wie viele Einstellgrößen in wie vielen Stufen in diesem Versuchsplan vorkommen. Die Bezeichnung $L_{24}(4^3, 7^2)$ kennzeichnet bspw. einen Taguchi-Versuchsplan, welcher 24 Versuche mit 4 Einstellgrößen in drei Stufen und 7 Einstellgrößen in zwei Stufen umfasst.

Betrachtet man zunächst den einfachen TFV $L_4(2^3)$, welcher nur die Variation der Einstellgrößen auf jeweils zwei Level erlaubt, stellt dieser einschließlich des Versuchsergebnisses Y aus mathematischer Sicht ein vollständiges Orthogonalsystem dar:

$L_4(2^3)$:

Nr.	A	B	C
1	1	1	1
2	2	1	2
3	1	2	2
4	2	2	1

Allgemein gilt: Ist die Summe der Freiheitsgrade je Einstellgröße gleich dem Freiheits-grad des Versuchsplans, heißt dieser vollständig, d.h es kann keine weitere Einstellgröße hinzugefügt werden. Im Fall des einfachen Versuchsplans $L_4(2^3)$ ist dies offensichtlich, für den bereits erwähnten TFV $L_{24}(4^3, 7^2)$ kann die Vollständigkeit leicht überprüft werden: $23 = 4^2 + 7^1$. . Ist der durchgeführte TFV im Design unvollständig, kommt ein Term s_e^2 für den Fehler bzw. nicht aufgelöste Wechselwirkungen in Gl. 4.9 hinzu:

$$s_T^2 = s_A^2 + s_B^2 + s_C^2 + \ldots + s_e^2 \qquad (4.9)$$

Im Beispiel des Versuchsplans $L_4(2^3)$ können alle drei Faktoren A, B, C als unabhängig betrachtet, mit Einstellgrößen belegt und untersucht werden. Sind nur zwei Faktoren A, B mit Einstellgrößen belegt, kann der Faktor C die Wechselwirkung zwischen A und B beschreiben. Ist diese Wechselwirkung jedoch aufgrund des Prozessverständnisses vernachlässigbar klein, kennzeichnet C den Einfluss einer unbekannten Störgröße „E", welche aber den Stufen der Einstellgröße C zugeordnet werden kann. Gl. 4.9 verändert sich daher zu:

$$s_T^2 = s_A^2 + s_B^2 + s_E^2 + \ldots + s_e^2 \qquad (4.10)$$

Bleiben mehrere Faktoren eines TFV bei der Auswahl der Einstellgrößen unberück-sichtigt, werden diese gemeinsam als unbekannte Störgröße „E" in der Auswertung zu-sammengefasst und die Anzahl der Level, auf welche diese Störgröße untersucht wurde, erhöht sich entsprechend. In diesem Fall wird „E" als „Einfluss der nicht aufgelösten Wechselwirkungen" bezeichnet. Folgendes Beispiel zeigt die Auswertung eines Versuchs-plans mittels Korrelationsanalyse und Darstellung der Effekte unter Berücksichtigung einer solchen Störgröße.

Beispiel: Widerstandsoptimierung einer Leitbahn

Um den elektrischen Widerstand einer Leitbahn möglichst kontrolliert einzustellen, sol-len die Wirkungen der Einflussfaktoren „Substratbehandlung" (Einflussgröße A), „Di-cke der Metallisierung" (Einflussgröße B) und „Ausheilzeit" (Einflussgröße C) auf den Widerstand der Leitbahn (Zielgröße Y) untersucht werden. Damit ein Optimum gefun-den werden kann, wurde folgender TFV mit drei Einflussfaktoren in jeweils drei Stufen ausgewählt:

Belegungstabelle			
Faktor	A	B	C
EG	Substrat-behandlung [sek.]	Dicke der Metalli-sierung [µm]	Ausheilzeit [sek.]
Level			
1	18	89,1	330
2	19	90,1	340
3	20	91,1	350

Die Anwendung dieses Versuchsplans und die Versuchsergebnisse zeigt Tab. 4.4. Bei der Durchführung wurde der Versuchsplan ein mal wiederholt.

Tab. 4.4: Anwendung eines TFV für die drei Einstellgrößen „Substratbehandlung", „Dicke der Metallisierung" und „Ausheilzeit" mit jeweils 3 Stufen und einer Wiederholung je Versuch und Auflistung der Versuchsergebnisse.

Substrat-behandlung [sek.]	Dicke der Metalli-sierung [µm]	Ausheilzeit [sek.]	Widerstand der Leitbahn [kOhm]
18	89,1	330	20,22
18	89,1	330	19,97
19	90,1	340	19,73
19	90,1	340	19,43
20	91,1	350	18,96
20	91,1	350	19,19
18	90,1	350	19,15
18	90,1	350	19,09
19	91,1	330	18,73
19	91,1	330	18,98
20	89,1	340	19,97
20	89,1	340	20,41
18	91,1	340	19,26
18	91,1	340	18,58
19	89,1	350	20,02
19	89,1	350	19,71
20	90,1	330	19,66
20	90,1	330	19,48

Die Korrelationsanalyse der Versuche in Tab. 4.4 ergab folgende Korrelationsmatrix:

	A	B	C	Y
A	1	0	0	+0,19
B		1	0	−0,89
C			1	−0,12
Y				1

Wie aus dieser Korrelationsmatrix hervorgeht, korrelliert die Einstellgröße „Dicke der Metallisierung" am stärksten mit dem Versuchsergebnis Y (Widerstand der Leitbahn). Nachfolgende Varianzanalyse zeigt nur die Effekte (Wirkung) aller drei Faktoren A, B, C auf das Prozessergebnis Y.

Level	Effekt auf Y		
	Y(A)	Y(B)	Y(C)
1	19,379	20,050	19,506
2	19,432	19,424	19,563
3	19,611	18,949	19,353

Aus der Varianzanalyse gehen weiterhin die Summen der quadratischen Abweichungen innerhalb und zwischen den einzelnen level hervor, woraus schließlich der Anteil einer jeden Einstellgröße an der erzielten Variation des Versuchsergebnisses ermittelt wird (contribution ratio):

	A	B	C
SQ(level)	4,4445	0,9638	4,4797
SQ(effect)	0,1771	3,6577	0,1418
contrib. ratio	3,8 %	79 %	3,1 %

Aus der Summe der ermittelten contribution ratios ergibt sich ein Restfehler von e = 14,1 %, (3,8 % + 79 % + 3,1 % = 85,9 %) welcher nicht mit Hilfe der bei der Variation der Einstellgrößen verursachten Streuung der Versuchsergebnisse erklärt werden kann. Im weiteren wird nun berücksichtigt, dass der TFV in Tab. 4.4 nicht voll besetzt ist, da bei zwei Freiheitsgraden für jede der drei Einstellgrößen nur insgesamt 6 Freiheitsgrade vorhanden sind und somit nicht die Gesamtzahl der 8 Freiheitsgrade für die 9 Versuche des Versuchsplans erreicht wird. Bei dem vollständigen TFV, auf welchem die Versuche in Tab. 4.4 beruhen, handelt es sich um den Taguchi-Versuchsplan $L_9\left(3^4\right)$:

$L_9\left(3^4\right)$:

lfd. Nr.	A	B	C	D
1	1	1	1	1
2	2	2	2	1
3	3	3	3	1
4	1	2	3	2
5	2	3	1	2
6	3	1	2	2
7	1	3	2	3
8	2	1	3	3
9	3	2	1	3

Wird eine Störgröße E berücksichtigt, ergibt sich die folgende Belegungstabelle:

Belegungstabelle $L_9\left(3^4\right)$			
Faktor	A	B	C	D
EG	Substrat-behandlung [sek.]	Dicke der Metalli-sierung [μm]	Ausheilzeit [sek.]	(E) (Störgröße)
Level				
1	18	89,1	330	–
2	19	90,1	340	–
3	20	91,1	350	–

Die Varianzanalyse des vollbesetzten Versuchsplans $L_9\left(3^4\right)$ schliesst nun eine Abschätzung für die bisher nicht aufgelöste Wechselwirkung „E" mit ein, wodurch sich der verbleibende Restfehler auf e = 11,6 % der in den Versuchsergebnissen nicht vorgefundenen Streuung reduziert:

	A	B	C	(E)
SQ(level)	4,4445	0,9638	4,4797	4,5041
SQ(effect)	0,1771	3,6577	0,1418	0,1174
contrib.	3,8 %	79 %	3,1 %	2,5 %

Abb. 4.2 gibt schließlich die Ergebnisse der Versuchsauswertung grafisch wieder und veranschaulicht die Effekte, deren Standardabweichung je level sowie die contribution ratios (Einstellgrößen des Versuchsplans siehe Tab. 4.4). Die in Abb. 4.2 erfolgte grafische Zusammenstellung der Ergebnisse der Varianzanalyse eignet sich erfahrungsgemäß sehr gut, um die Ergebnisse der statistischen Analyse eines TFV „auf einem Blick" zu präsentieren.

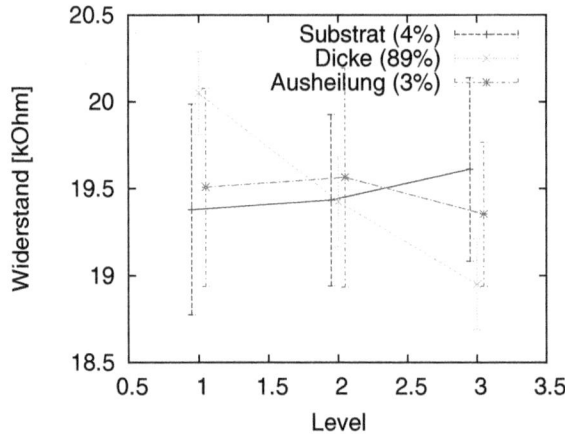

Abb. 4.2: *Grafische Darstellung der Effekte und der Streuung der Effekte je level der Einstellgrößen „Substratbehandlung", „Dicke der Metallisierung" und „Ausheilzeit" bezogen auf die Zielgröße „Widerstand der Leitbahn". Bei der Auswertung der Versuche wurde ein nicht weiter untersuchter Fehleranteil „E" durch die Wechselwirkungen der Einstellgrößen von etwa 3 % und ein zusätzlicher zufälliger Fehleranteil „e" von 11,6 % ermittelt, welcher auf Störgrößen zurückgeführt wurde.*

4.2.2.2   Wechselwirkungen zwischen Merkmalen

Der enorme Vorteil von Teilfaktoriellen Versuchsplänen (TFV), mit einer gegenüber Vollfaktoriellen Versuchsplänen deutlich reduzierten Anzahl von Versuchen Effekte der Einstellgrößen untersuchen zu können, bedingt jedoch eine genaue Abwägung bei der Zuordnung der zu untersuchenden Einstellgrößen zu den Faktoren eines TFV. Von dieser Zuordnung vor Beginn der Durchführung eines Versuchsplans hängt die Bewertung der Ergebnisse nach erfolgreicher Abarbeitung des Versuchsplans ab. Werden beispielsweise die zwei Einstellgrößen A, B im folgenden TFV auf den beiden Stufen „-" und „+"

untersucht, sind dafür insgesamt 4 Versuche erforderlich. Bei der Auswertung dieses Versuchsplans kann jedoch auch die Wechselwirkung dieser beiden Einstellgrößen $A \times B$ berücksichtigt werden, wie es folgender Versuchsplan zeigt. Die Darstellung dieser Zuordnung der Einstellgrößen A, B und Wechselwirkung $A \times B$ erfolgt bei Taguchi-TFVs als Wechselwirkungsgraf (engl. „interaction plot"), welcher zusammen mit dem Versuchsplan $L_4\left(2^3\right)$ angegeben wird:

$L_4\left(2^3\right)$:

	1	2	3
Versuch	A	B	$A \times B$
1	$-$	$-$	$-$
2	$+$	$-$	$+$
3	$-$	$+$	$+$
4	$+$	$+$	$-$

Wechselwirkung:

In diesen Wechselwirkungsgrafen werden typische Zuordnungen zwischen Einstellgrößen und Wechselwirkungen in einem Versuchsplandesign veranschaulicht, sollte es mehrere Varianten geben. Insbesondere bei umfassenderen Versuchsplänen gibt es sehr zahlreiche Wechselwirkungsgrafen. Wie schon erwähnt, kann das gleiche Versuchsplandesign $L_4\left(2^3\right)$ auch für drei Einstellgrößen A, B, C verwendet werden, wenn die Wechselwirkungen der Einstellgrößen untereinander vernachlässigbar klein sind, was durch einen geänderten Wechselwirkungsgrafen ausgedrückt wird:

$L_4\left(2^3\right)$:

	1	2	3
Versuch	A	B	C
1	$-$	$-$	$-$
2	$+$	$-$	$+$
3	$-$	$+$	$+$
4	$+$	$+$	$-$

Wechselwirkung:

Ein Versuchsplan mit einer hinreichend großen Anzahl von Versuchen hat im allgemeinen mehr Einstellgrößen und Wechselwirkungen, als in einem bestimmten Versuch eingesetzt werden. Z.B. können 15 Einstellgrößen bzw. Wechselwirkungen in einem $L_{16}\left(2^{15}\right)$ Versuchsplan verwendet werden, bei einem $L_{32}\left(2^{31}\right)$ sind es 31. Wird ein Versuchsplan durchgeführt, bei welchem nicht alle Einstellgrößen mit Merkmalen oder Wechselwirkungen zwischen Merkmalen belegt werden, führt dies nicht automatisch zu einer Verringerung der Anzahl der Versuche, da ansonsten die Orthogonalität des Versuchsplans verloren gehen kann. Folgende Tabelle zeigt verschiedene Möglichkeiten, Einstellgrößen, Wechselwirkungen und Störgrößen in einem Versuchsplandesign $L_8\left(2^7\right)$ zu berücksichtigen:

$L_8\left(2^7\right):$

	1	2	3	4	5	6	7
	A	B	$A \times B$	C	$A \times C$	$B \times C$	(E)
Versuch	A	B	$A \times B$	C	$A \times C$	$A \times F$	F
1	$-$	$-$	$-$	$-$	$-$	$-$	$-$
2	$-$	$-$	$-$	$+$	$+$	$+$	$+$
3	$-$	$+$	$+$	$-$	$-$	$+$	$+$
4	$-$	$+$	$+$	$+$	$+$	$-$	$-$
5	$+$	$-$	$+$	$-$	$+$	$-$	$+$
6	$+$	$-$	$+$	$+$	$-$	$+$	$-$
7	$+$	$+$	$-$	$-$	$+$	$+$	$-$
8	$+$	$+$	$-$	$+$	$-$	$-$	$+$

Wechselwirkungen:

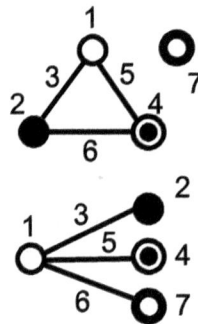

In dem Versuchsplan $L_8\left(2^7\right)$ können entsprechend den Wechselwirkungsgrafen entweder 3 Einstellgrößen und deren Wechselwirkungen einschließlich einer zusätzlichen unabhängigen Größe untersucht werden, welche in diesem Beispiel als Störgröße E bezeichnet wird, oder es werden bei voller Ausnutzung des Versuchsplans $L_8\left(2^7\right)$ 4 Einstellgrößen und deren Wechselwirkungen bezogen auf die Einstellgröße 1 untersucht. Bei einer nur teilweisen Belegung des Versuchsplans $L_8\left(2^7\right)$ mit Einstellgrößen bzw. Wechselwirkungen ist die Gesamtanzahl der 8 Versuche auch dann noch erforderlich, wenn nur 4 voneinander unabhängige Merkmale untersucht werden. In diesem Fall werden bei der Auswertung des Versuchsplans $L_8\left(2^7\right)$ alle übrigen Spalten als unbekannte Größen bzw. Störgrößen mitgeführt:

	1	2	3	4	5	6	7
	Merkmale				Störgröße		
Versuch	A	B	C	D	(E)		
1	$-$	$-$	$-$	$-$	$-$	$-$	$-$
2	$-$	$-$	$-$	$+$	$+$	$+$	$+$
3	$-$	$+$	$+$	$-$	$-$	$+$	$+$
4	$-$	$+$	$+$	$+$	$+$	$-$	$-$
5	$+$	$-$	$+$	$-$	$+$	$-$	$+$
6	$+$	$-$	$+$	$+$	$-$	$+$	$-$
7	$+$	$+$	$-$	$-$	$+$	$+$	$-$
8	$+$	$+$	$-$	$+$	$-$	$-$	$+$

Sollte sich bei der Auswertung dieses Versuchsplans erweisen, dass die unter (E) zusammengefassten Faktoren keinen oder einen vernachlässigbaren Einfluss auf die ermittelten Ergebnisse des Versuchsplanes haben, war die nur teilweise Belegung des Versuchsplans $L_8\left(2^7\right)$ berechtigt. Anderenfalls muss untersucht werden, ob bei der Abarbeitung der Versuche ein Fehler aufgetreten ist, evtl. Proben verschiedener Hersteller verwendet wurden usw., oder ob Wechselwirkungen zwischen den Merkmalen tatsächlich vorhanden waren, obwohl keine vermutet wurden.

4.2.2.3 Variation der Stufenanzahl in Versuchsplänen

Werden Faktoren in einem TFV-Versuchsplandesign zusammengefasst, können diese einem gemeinsamen Merkmal zugeordnet werden, wie es im vorangegangenen Abschnitt für das Zusammenfassen nicht belegter Einstellgrößen als Fehler (E) gezeigt wurde. Prinzipiell bewirkt die Zusammenfassung von Faktoren in einem Versuchsplan eine erhöhte Stufenanzahl für den gemeinsamen Faktor, was für das Modifizieren eines Versuchsplandesigns ausgenutzt werden kann, um den spezifischen Anforderungen einer Untersuchung gerecht zu werden. Dies ist besonders sinnvoll, wenn z. B. ein Merkmal auf 4 Stufen anstelle von 2 Stufen untersucht werden soll, also ein ganzzahliges Vielfaches der vorhandenen Stufenanzahl benötigt wird. Durch diese Art der Zusammenfassung wird die Orthogonalität eines Versuchsplans nicht verändert, es handelt sich im mathematischen Sinne vielmehr um die Aufteilung des Versuchsplandesigns in Unterräume. Folgendes Beispiel zeigt einen Versuchsplan für 5 unabhängige Merkmale A, B, C, D, E, wobei zwei Merkmale (D, E) auf den jeweils 4 Stufen „$--$“, „$-+$“, „$+-$“ und „$++$“ untersucht werden können, welche den Stufen 1 bis 4 durch Binärkombination entsprechen:

	1	2	3	4	5
Versuch	A	B	C	D	E
1	$-$	$-$	$-$	$--$	$--$
2	$-$	$-$	$-$	$++$	$++$
3	$-$	$+$	$+$	$--$	$++$
4	$-$	$+$	$+$	$++$	$--$
5	$+$	$-$	$+$	$-+$	$-+$
6	$+$	$-$	$+$	$+-$	$+-$
7	$+$	$+$	$-$	$-+$	$+-$
8	$+$	$+$	$-$	$+-$	$-+$

Ist die Anzahl der so erhaltenen Stufen einer Einstellgröße größer als zwei, bietet es sich an, alle Stufen des Versuchsplandesigns durch Zahlen anzugeben, wobei die Stufen jeder Einstellgröße auf die maximale Stufenanzahl bezogen numeriert werden wie es folgende Tabelle zeigt. Die so eingeführten höheren Stufenanzahlen können dann sehr vorteilhaft, z. B. in grafischen Darstellungen, als Zwischenstufen erkannt werden:

	1	2	3	4	5
Versuch	A	B	C	D	E
1	1	1	1	1	1
2	1	1	1	4	4
3	1	4	4	1	4
4	1	4	4	4	1
5	4	1	4	2	2
6	4	1	4	3	3
7	4	4	1	2	3
8	4	4	1	3	2

Die Anpassung eines Versuchsplans mit nur zwei Stufen je Einstellgröße an eine Untersuchung, welche für bestimmte Einstellgrößen eine um ein Vielfaches von 2 erhöhte Stufenanzahl erfordert, ist jederzeit möglich, solange der Versuchsplan hinreichend viele Kombinationen von Spalten erlaubt und die entsprechende Vermengungsstruktur berücksichtigt wird. Selbstverständlich kann die Anzahl der Stufen nur so weit durch Kombination einzelner Spalten erhöht werden, wie Stufen vorhanden sind. Beispielsweise könnten aus drei Spalten eines Versuchsplans mit jeweils zwei Stufen durch Binärkombination die Stufen 1 bis 8 errechnet werden. Sollten jedoch nicht alle Stufen 1 bis 8 auch tatsächlich im so modifizierten Versuchsplan vorhanden sein, ist die Orthogonalität des modifizierten Versuchsplans genau zu prüfen. Als Beispiel sei hierfür der Versuchsplan $L_{16}\left(8^1 \times 2^8\right)$ angeführt, welcher aus einem $L_{16}\left(2^{15}\right)$ durch die Zusammenfassung von Faktoren entstanden ist:

$L_{16}\left(8^1 \times 2^8\right)$:

Versuch	1	2	3	4	5	6	7	8	9
1	1	1	1	1	1	1	1	1	1
2	1	2	2	2	2	2	2	2	2
3	2	1	1	1	1	2	2	2	2
4	2	2	2	2	2	1	1	1	1
5	3	1	1	2	2	1	1	2	2
6	3	2	2	1	1	2	2	1	1
7	4	1	1	2	2	2	2	1	1
8	4	2	2	1	1	1	1	2	2
9	5	1	2	1	2	1	2	1	2
10	5	2	1	2	1	2	2	2	1
11	6	1	2	1	2	2	1	2	1
12	6	2	1	2	2	1	1	1	2
13	7	1	2	2	1	1	2	2	1
14	7	2	1	1	2	2	2	1	2
15	8	1	2	2	1	2	1	1	2
16	8	2	1	1	2	1	2	2	1

Das Aufstellen von Versuchsplänen mit Stufenanzahlen, welche nicht durch das Vielfache von 2 entsprechend einer Binärkombination aufgestellt werden können, ist schwieriger. In den meisten Fällen kann aber auf etablierte Versuchspläne wie $L_9\left(3^4\right)$, $L_{16}\left(4^5\right)$ oder

$L_{25}\left(5^6\right)$ zurückgegriffen werden, welche, wenn nötig, noch durch Binärkombination mit anderen Versuchsplänen um weitere Einstellgrößen erweitert werden können.

Abschließend sei darauf verwiesen, dass ein individuelles Design von Versuchsplänen auch eine entsprechend individuell abgestimmte, spezielle Auswertung erfordert und dass keinesfalls gesichert ist, dass dieses selbst erstellte Design für die jeweilige Untersuchung erfolgreich ist. Dies ist durch das hinsichtlich des experimentellen Aufwandes stark optimierte Design von TFV und insbesondere durch die reduzierte Anzahl von Versuchen in orthogonalen Arrays bedingt.

4.2.2.4 Vermengungsstrukturen von Faktoren

Wurden Wechselwirkungen zwischen Faktoren in einem Versuchsplan mit Einstellgrößen belegt oder wurden diese als vernachlässigbar angesehen und nicht beachtet, sind in jedem Fall Vermengungen vor der Auswertung eines Versuchsplans zu untersuchen, damit festgestellte Effekte der Einstellgrößen auf das Versuchsergebnis interpretiert werden können. Unter Vermengung werden Überlagerungen der Einflüsse von Faktoren mit anderen Wechselwirkungen oder von unterschiedlichen Wechselwirkungen untereinander verstanden, welche die Eindeutigkeit der Zuordnung der Ergebnisse eines Versuchsplans zu den Einstellgrößen erheblich beeinflussen kann. Um Vermengungen in einem Versuchsplan zu finden, wird von einer vollständig orthogonalen Gruppe von Faktoren und einem konstanten Generator I ausgegangen, wie es bspw. im folgenden Versuchsplan $L_4\left(2^3\right)$ für 3 Faktoren mit je zwei Stufen der Fall ist:

$L_4\left(2^3\right)$:

	$E1$	$E2$	$E3$		I
Versuch	A	B	$A \times B$		
1	−	−	+		+
2	−	+	−		+
3	+	−	−		+
4	+	+	+		+

In einer vollständig orthogonalen Gruppe sind alle Kombinationen zwischen den Stufen der Einstellgrößen vollständig vorhanden. Ein TFV besteht mindestens aus einer oder der Kombination mehrerer solcher Gruppen. Eine orthogonale Gruppe ist durch einen Generator I gekennzeichnet, welcher die zugehörigen Faktoren verknüpft:

$$I = E1 \times E2 \times E3$$
$$und$$
$$I = E1^2 = E2^2 = E3^2$$
(4.11)

Der Wert des Generators I ergibt eine Konstante für alle Kombinationen der dazu gehörigen Einstellgrößen des Versuchsplans. Im angegebenen Beispiel des Versuchsplans $L_4\left(2^3\right)$ hat I den Wert $+1$, es könnte sich aber ebenso gut der Wert -1 ergeben, wenn z. B. die Werte der Wechselwirkung $A \times B$ negiert vorliegen. Um nun herauszufinden, welche Einstellgrößen im Falle des Versuchsplans $L_4\left(2^3\right)$ mit der Einstellgröße $E1$ verknüpft sind, wird der Generator I mit $E1$ multipliziert:

$$I \times E1 = E1 \times E2 \times E3 \times E1$$
$$I \times E1 = I \times E2 \times E3$$
$$E1 = E2 \times E3$$
(4.12)

Im Ergebnis dieser Rechnung in Gl. 4.12 ergibt sich die Aussage, dass die Einstellgröße $E1$ über die Einstellgrößen $E2$ und $E3$ miteinander vermengt ist. Wird diese Vorgehensweise auf einen Versuchsplan $L_8\left(2^7\right)$ angewandt, ergeben sich drei Generatoren $I_{1,2,4}$, $I_{1,3,5}$ und $I_{2,3,6}$ für die vollständig orthogonalen Gruppen der jeweiligen Einstellgrößen $E1, E2, E4$ oder $E1, E3, E5$ bzw. $E2, E3, E6$.

$L_8\left(2^7\right)$:

Versuch	$E1$	$E2$	$E3$	$E4$	$E5$	$E6$	$E7$	$I_{1,2,4}$	$I_{1,3,5}$	$I_{2,3,6}$
1	−	−	−	−	−	−	−	+	+	+
2	−	−	−	+	+	+	+	+	+	+
3	−	+	+	−	−	+	+	+	+	+
4	−	+	+	+	+	−	−	+	+	+
5	+	−	+	−	+	−	+	+	+	+
6	+	−	+	+	−	+	−	+	+	+
7	+	+	−	−	+	+	−	+	+	+
8	+	+	−	+	−	−	+	+	+	+

Mit diesen Generatoren $I_{1,2,4}$, $I_{1,3,5}$ und $I_{2,3,6}$ können die Vermengungen der Gruppen entsprechend Gl. 4.11 aufgelöst werden. Wie nachfolgende Tabelle zeigt, gibt es neben diesen einfachen Vermengungen zusätzlich die Vermengungen $I_{1,2,4} \times I_{1,3,5}$, $I_{1,2,4} \times I_{2,3,6}$ und $I_{1,3,5} \times I_{2,3,6}$ sowie $I_{1,2,4} \times I_{1,3,5} \times I_{2,3,6}$, welche aus den Wechselwirkungen der Gruppen entstehen:

		Vermengungen				
Generator		$E1$	$E2$	$E3$	$\cdots$	$E7$
$I_{1,2,4}$	$E1, E2, E4$	$E2, E4$	$E1, E4$	$E1, E2,$ $E3, E4$	$\cdots$	$E1, E2,$ $E4, E7$
$I_{1,3,5}$	$E1, E3, E5$	$E3, E5$	$E1, E2,$ $E3, E5$	$E1, E5$	$\cdots$	$E1, E3,$ $E5, E7$
$I_{2,3,6}$	$E2, E3, E6$	$E1, E2,$ $E3, E6$	$E3, E6$	$E2, E6$	$\cdots$	$E2, E3,$ $E6, E7$
$I_{1,2,4} \times$ $I_{1,3,5}$	$E2, E3,$ $E4, E5$	$E1, E2,$ $E3, E4,$ $E5$	$E3, E4,$ $E5$	$E2, E4,$ $E5$	$\cdots$	$E2, E3,$ $E4, E5,$ $E7$
$I_{1,2,4} \times$ $I_{2,3,6}$	$E1, E3,$ $E4, E6$	$E3, E4,$ $E5$	$E1, E2,$ $E3, E4,$ $E6$	$E1, E4,$ $E6$	$\cdots$	$E1, E3,$ $E4, E6,$ $E7$
$I_{1,3,5} \times$ $I_{2,3,6}$	$E1, E2,$ $E5, E6$	$E2, E5,$ $E6$	$E1, E5,$ $E6$	$E1, E2,$ $E3, E5,$ $E6$	$\cdots$	$E1, E2,$ $E5, E6,$ $E7$
$I_{1,2,4} \times$ $I_{1,3,5} \times$ $I_{2,3,6}$	$E4, E5, E6$	$E1, E4,$ $E5, E6$	$E2, E4,$ $E5, E6$	$E3, E4,$ $E5, E6$	$\cdots$	$E4, E5,$ $E6, E7$

Entsprechend der so ermittelten Vermengungsstruktur eines Versuchsplans kann z. B. festgestellt werden, dass der Einfluss der Einstellgröße $E1$ mit folgenden Wechselwirkungen vemengt ist:

$$E1 = (E2, E4) \times (E3, E5) \times (E2, E3, E6) \times$$
$$(E1, E2, E3, E4, E5) \times (E3, E4, E5) \times$$
$$(E2, E5, E6) \times (E1, E4, E5, E6)$$

Da nur selten dreifache und höhere Wechselwirkungen bei der Auswertung von Versuchsplänen bedeutsam sind, ist deshalb darauf zu achten, dass z. B. $E4$ und $E5$ nicht für einzelne Einstellgrößen verwendet werden, wenn $E1$, $E2$ und $E3$ bereits mit einzelnen Einstellgrößen belegt wurden. Die Faktoren $E4$ und $E5$ können jedoch für die Untersuchung von Wechselwirkungen zwischen Einstellgrößen genutzt werden. Da z. B. keine einfachen oder zweifachen Vermengungen für den Faktor $E7$ im Versuchsplan $L_8\left(2^7\right)$ festgestellt wurden, eignet sich dieser Faktor für die Untersuchung einer isolierten Einstellgröße besonders. Für den Faktor $E3$ wurden ebenfalls zweifache Vermengungen mit den Faktoren $(E1, E5)$ oder $(E2, E6)$ festgestellt:

$$E3 = (E1, E5) \times (E2, E6)\ldots \tag{4.13}$$

Wird die Einstellgröße $E3$, wie bereits vorgestellt, für die Untersuchung eines Merkmals C oder zur Beschreibung der Wechselwirkung zwischen den Einstellgrößen $E1$, $E2$ verwendet, ist es daher aufgrund der festgestellten Vermengungsstruktur des Versuchsplans $L_8\left(2^7\right)$ zu empfehlen, dass die Einstellgrößen $E5$ und $E6$ bevorzugt für die Untersuchung von Wechselwirkungen genutzt werden und nicht der Untersuchung von einzelnen Merkmalen dienen. In diesem Fall besteht die Vermengung der Einstellgröße $E3$ entsprechend Gl. 4.13 aus Wechselwirkungen dritter und höherer Ordnung zwischen Merkmalen und kann somit vernachlässigt werden.

Das Ermitteln der Vermengungsstruktur eines Versuchsplans kann durchaus aufwendig sein, ist aber unerlässlich, wenn über die Zuordnung von Merkmalen zu Einstellgrößen entschieden wird. Bei den in der Literatur dokumentierten Versuchsplänen, insbesondere bei orthogonalen Arrays, kann jedoch davon ausgegangen werden, dass es keine Vermengungen erster oder zweiter Ordnung gibt, wenn die Belegung des Versuchsplans mit Merkmalen entsprechend der ausgewiesenen Wechselwirkungsgrafen erfolgt. Werden Versuchspläne selbst aufgestellt oder modifiziert, sind die Vermengungen jedoch auch selbst zu überpüfen.

4.2.3 „Missing Values" und Stabilität der Aussagen

Wurde mit der Abarbeitung eines Versuchsplans begonnen, können im Verlauf einzelner Experimente Schwierigkeiten auftreten, welche Einfluss auf die Messergebnisse haben. Es könnte aber auch sein, dass z. B. durch einen Maschinenfehler nicht alle Versuche abgearbeitet werden konnten oder dass Meßwerte eines Versuchs am Ende der Versuchsserie fehlen und nicht nachgeholt oder wiederhergestellt werden können. In solchen Fällen bleibt es abzuwägen, ob der Versuchsplan:

- im Nachhinein an die erfolgreich durchgeführten Versuche angepasst werden kann

- insgesamt wiederholt oder aufgegeben werden muss oder

- für die geplante statistische Auswertung dennoch erfolgversprechend ist

Diese Entscheidungen hängen sehr stark davon ab, wie viele Versuche einer Versuchsserie als gescheitert angesehen werden müssen und mit welchem Aufwand ein neuer Versuchsplan durchgeführt werden kann. In jedem Fall ist es richtig, die erfolgreich durchgeführten Versuche als neu erworbene Prozesserfahrung zu bewerten und nicht zu ignorieren. Sind nur ein oder sehr wenige Versuche ergebnislos verlaufen, spricht man von „missing values" und es kann versucht werden, unter Beibehaltung des ursprünglichen Versuchsplans, die statistische Auswertung durchzuführen. Dazu ist die Schätzung eines fehlenden Versuchsergebnisses in einer Art erforderlich, dass möglichst die statistische Auswertung der übrigen Versuche wenig gestört wird. Das fehlende Versuchsergebnis Y_i wird dazu durch ein geschätztes Versuchsergebnis $\tilde{Y}_i$ ersetzt. Das hier nun vorgestellte Verfahren beruht darauf, $\tilde{Y}_i$ mit Hilfe einer mehrdimensionalen Ausgleichsfunktion zu interpolieren, wie es in Abschnitt 2.4.6 beschrieben und in Abb. 2.18 veranschaulicht wurde. Ein Vorteil dieses Ausgleichsverfahrens mit Wichtungsfunktion ist das Vorhandensein von nur einem Anpassparameter g für die Berechnung von Schätzwerten. Damit ist es leicht möglich, unterschiedliche Schätzwerte für $\tilde{Y}_i(g)$ auszuprobieren und dabei den jeweiligen Einfluss von g auf die Auswertung des Versuchplans zu untersuchen. Je nach Lage der Versuchspunkte wird der geschätzte Versuchspunkt $\tilde{Y}_i(g)$ mehr oder weniger stark die Versuchsauswertung insgesamt beeinflussen. Wird bspw. in Abb. 2.18 das Versuchsergebnis an der Stelle $X = 2$ durch eine Ausgleichsfunktion geschätzt, weicht der geschätzte Wert $\tilde{Y}_2$ deutlich von dem wahren Wert Y_2 ab und die folgende statistische Auswertung wird folglich mehr gestört, als wenn bspw. Versuchsergebnisse an den Stellen $X = 4$ oder $X = 5$ geschätzt würden. Die verwendeten Anpassfaktoren g in Abb. 2.18 verdeutlichen, dass es in Abhängigkeit der Einstellwerte an den jeweiligen Versuchspunkten bei sehr großen Werten von g zu einer Treppenfunktion kommt und keine Zwischenwerte von Y_i geschätzt werden können. Bei zu kleinen Werten von g wird das zu schätzende Versuchsergebnis $\tilde{Y}_i(g)$ annähernd durch den Mittelwert aller vorhandenen Versuchsergebnisse $\overline{Y}$ ersetzt und dadurch so stark verfälscht, dass keine sinnvolle statistische Auswertung mehr möglich ist. Das Optimum von g ist für jeden durchgeführten Versuchsplan und in Abhängigkeit der vorhandenen Versuchsergebnisse sowie der Lage des zu schätzenden Versuchspunktes individuell zu optimieren.

Die Anwendung der Schätzung von einzelnen Versuchsergebnissen kann auch dann durchgeführt werden, wenn alle Versuchsergebnisse vorhanden sind, aber der Einfluss einer Änderung bzw. Störung eines Versuchsergebnisses auf die Stabilität der Aussagen der statistischen Analyse überprüft werden soll. Dies entspricht der Übertragung der Vorgehensweise bei der Behandlung von „missing values", wird jedoch nun auf alle Versuchsergebnisse Y_k ($k = 1..N$) einzeln und nacheinander bezogen. Aufgrund dieser Schätzungen können die statistischen Aussagen der Analysen des Versuchsplans mit dem geschätzten und tatsächlichen Versuchsergebnis verglichen und so die Stabilität der Aussagen hinsichtlich dieses Versuchsergebnisses bewertet werden. Stellen sich die Aussagen der statistischen Auswertung eines Versuchsplans als besonders abhängig von

Tab. 4.5: *Einstellgrößen EG-1, EG-2 und Versuchsergebnisse Y des Versuchsplans, sowie geschätzte Werte für jeden einzelnen Versuch $\acute{Y}(g)$ unter der Annahme, dass nur jeweils ein Versuchsergebnis als „missing value" betrachtet werden muss.*

	EG-1	EG-2	Y	$\acute{Y}(0)$	$\acute{Y}(2)$	$\acute{Y}(3)$	$\acute{Y}(5)$	$\acute{Y}(10)$	$\acute{Y}(50)$
1	90,4	330	18,32	17,54	17,72	18,01	18,00	18,00	18,00
2	90,4	330	18,00	17,56	17,75	18,23	18,32	18,32	18,32
3	92,1	336	17,30	17,60	17,61	17,58	17,49	17,49	17,49
4	92,1	336	17,49	17,59	17,59	17,48	17,31	17,30	17,30
5	93,8	342	16,82	17,63	17,46	17,04	16,90	16,90	16,90
6	93,8	342	16,90	17,62	17,45	16,98	16,82	16,82	16,82
7	90,4	342	17,79	17,57	17,75	18,16	18,23	18,23	18,23
8	90,4	342	18,23	17,55	17,69	17,86	17,80	17,79	17,79
9	92,1	330	17,77	17,57	17,58	17,52	17,50	17,50	17,50
10	92,1	330	17,50	17,59	17,61	17,68	17,77	17,77	17,77
11	93,8	336	17,18	17,61	17,43	17,03	16,96	16,96	16,96
12	93,8	336	16,96	17,62	17,45	17,16	17,18	17,18	17,18
13	90,4	336	18,52	17,53	17,69	18,18	18,41	18,41	18,41
14	90,4	336	18,41	17,53	17,70	18,25	18,52	18,52	18,52
15	92,1	342	17,24	17,60	17,60	17,77	17,99	17,99	17,99
16	92,1	342	17,99	17,56	17,52	17,32	17,24	17,24	17,24
17	93,8	330	17,10	17,61	17,46	17,09	16,97	16,97	16,97
18	93,8	330	16,97	17,62	17,47	17,18	17,10	17,10	17,10

der Änderung eines Versuchsergebnisses heraus, ist dieser als weniger stabil zu bewerten und auf jeden Fall zu hinterfragen, da Versuchsergebnisse immer fehlerbehaftet sind.

Im folgenden Beispiel wird die Auswertung eines Versuchsplans hinsichtlich der Stabilität der einzelnen Versuchspunkte geprüft. Im diesem Beispiel wurden zwei Einstellgrößen, EG1 und EG2, in jeweils 3 Stufen variiert und dabei insgesamt 18 Versuche durchgeführt. Tab. 4.5 zeigt die einzelnen Versuche und die Versuchsergebnisse Y_i ($i = 1 .. 18$) in der durchgeführten Reihenfolge, sowie die geschätzten Werte, auf welche noch Bezug genommen wird.

Die Varianzanalyse des Versuchsplans in Tab. 4.5 liefert folgendes Ergebnis:

	Level		Effekt auf Y	
	EG-1	EG-2	EG-1	EG-2
1	90,4	330	18,214	17,609
2	92,1	336	17,549	17,646
3	93,8	342	16,988	17,496
SQ(level):			0,867	5,316
SQ(effect):			4,521	0,07299
contrib:			83,9 %	1,35 %
error:			14,7 %	14,7 %

Entsprechend den Ergebnissen der Varianzanalyse bestimmt die Einstellgröße EG-1 das Versuchsergebnis ganz wesentlich, viel stärker als die Einstellgröße EG-2, für welche ein contribution ratio wesentlich kleiner als jenes des ermittelten Fehlers von 14,7 % ist. Nun soll danach gefragt werden, wie robust diese Aussage gegenüber Schwankungen in den einzelnen Versuchsergebnissen ist. Daher wird jeweils ein Versuchsergebnis Y aus Tab. 4.5 als fehlend („missing") gekennzeichnet und mit Hilfe der im Abschnitt 2.4.6 vorgestellten Ausgleichsfunktion und den übrigen Versuchsergebnissen ersetzt. Wird beispielsweise das Versuchsergebnis Y_1 durch einen Wert der Ausgleichsfunktion mit dem Parameter $g = 0$ ersetzt, ergibt sich $\acute{Y}_1(0)$, was in diesem Fall dem Mittelwert der übrigen Versuchsergebnisse Y_i ($i = 2 .. 18$) entspricht (neuer Wert zu 17,54). Mit Hilfe dieses zu ersetzenden Wertes ergeben sich folgende Resultate der Varianzanalyse:

Stufe		Effekt auf Y; $\acute{Y}_1(0)$	
EG-1	EG-2	EG-1	EG-2
1	90,4	330	18,101	17,3753
2	92,1	336	17,549	17,6456
3	93,8	342	16,988	17,496
SQ(level):		1,201	4,392
SQ(effect):		3,394	0,2022
contrib:		73,9 %	4,4 %
error:		21,7 %	21,7 %

Durch das Ersetzen des Versuchsergebnisses Y_1 mit dem geschätzten Wert $\acute{Y}_1(0)=17,54$ wurde der Einfluss der Einstellgröße EG-1 entsprechend der Varianzanalyse von 83,9 % auf 73,9 % reduziert, wobei gleichzeitig der Einfluss der Einstellgröße EG-2 mehr als verdreifacht wurde.

Diese festgestellten Unterschiede sind jedoch im Rahmen einer statistischen Betrachtung als gering anzusehen, weshalb der Versuch 1 in dieser Versuchsserie als durchaus stabil angesehen werden kann. Werden nun alle Versuchsergebnisse mit diesem Verfahren hinsichtlich ihrer Stabilität bewertet und dabei unterschiedliche Anpassparameter verwendet, erhält man die in Abb. 4.3 dargestellten Abhängigkeiten der contribution ratios der Einstellgröße EG1 (links in Abb. 4.3) und EG-2 (rechts in Abb. 4.3) als Funktion der einzelnen geschätzten Versuchsergebnisse $\acute{Y}_i$ mit unterschiedlichen Werten des Anpassparameters g.

Entsprechend Abb. 4.3 (rechts) ist der festgestellte Einfluss der Einstellgröße EG-2 auf das Versuchsergebnis Y in jedem Fall gering, ganz gleich welches Versuchsergebnis mit welchem Anpassparameterwert geschätzt wird. Anders verhält es sich, wenn der Einfluss der Einstellgröße EG-1 hinsichtlich der Stabilität gegenüber Schwankungen in den Versuchsergebnissen Y_i bewertet wird. Abb.4.3 (links) zeigt die Abhängigkeiten des contribution ratio der Einstellgröße EG-1, wenn jeweils nur ein Versuchsergebnis mit Hilfe des Anpassparameters geschätzt wird. In dieser Abbildung wird deutlich, dass das geschätzte Versuchsergebnis für den Versuch Nr. 6 sehr stark den berechneten Einfluss der Einstellgröße EG-1 auf das Versuchsergebnis beeinflusst. Für den Versuch Nr. 6 in Tab. 4.5 wurden beide Einstellgrößen bei maximalen Einstellwerten verwendet, was auch auf den Versuch Nr. 5 zutrifft. Diese Versuchsergebnisse sind daher noch einmal

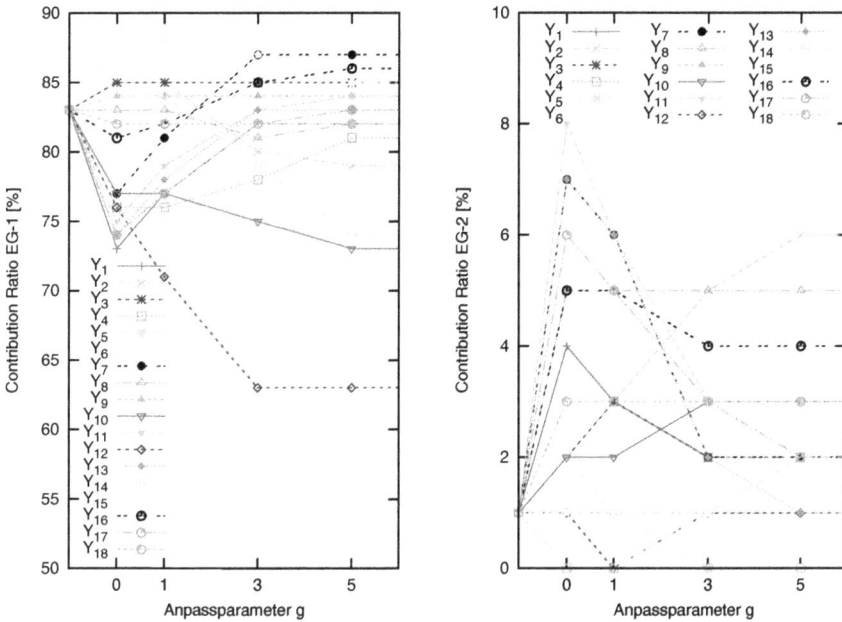

Abb. 4.3: *Grafische Darstellung der unterschiedlichen contribution ratios der Einstellgrößen EG-1 (links) und EG-2 (rechts) aus dem Versuchsplan in Tab. 4.5 als Folge der Variation jedes einzelnen Versuchsergebnisses Y_i ($i = 1 \,..\, 18$) mittels Augleichsfunktion und unterschiedlicher Wichtungsparameter g.*

kritisch zu bewerten, um Fehlschlüsse zu vermeiden. Im angegebenen Beispiel könnte es durchaus der Fall sein, dass der Einfluss der Einstellgröße EG-1 wesentlich geringer ist, als es ohne eine Überprüfung der Stabilität angenommen wurde und daher die Versuchsergebnisse der Versuche Nr. 5 und 6 mit einem deutlich höheren Fehler oder einer bisher nicht weiter untersuchten Wechselwirkung zwischen den Einstellgrößen EG1 und EG-2 behaftet sind.

4.3 Empirische mathematische Modellierung

Statistische Modelle sind empirisch und immer dann erforderlich, wenn der den Daten zugrunde liegende Zusammenhang nicht explizit bekannt oder von so hoher Komplexität ist, dass eine direkte Modellierung, welche auf einem analytischen oder numerischen Modell beruht, nicht durchgeführt werden kann.

Die Aufgabe bei der Gewinnung von statistischen Modellen aus empirisch gewonnenen Daten besteht darin, wesentliche Zusammenhänge zwischen den Daten in einer mathematisch komprimierten Form festzuhalten bzw. darzustellen. Diese Modelle liegen im Ergebnis als expliziter mathematischer Ausdruck vor und können unabhängig von dem zugrunde liegenden Datensatz weiter untersucht werden. Häufig erschließen gerade diese Modelle wesentliche Zusammenhänge der Daten und rechtfertigen somit den zum Teil erheblichen Zeitaufwand, welcher für die Modellierung erforderlich sein kann. Jedes statistische Modell repräsentiert eine bestimmte Sichtweise auf die Daten, daher gibt es kein Modell, welches alle Fragestellungen beantworten kann. Verschiedene Modelle und deren Vergleich sind daher üblich und helfen, Fehlinterpretationen zu vermeiden.

4.3.1   Statistische Modellbewertung

Die Bewertung statistischer Modelle erfolgt, indem die Ausgangsdaten (Messwerte) $y(x_1, x_2..x_n)$ mit den vom statistischen Modell gewonnenen Daten $\hat{y} = f((x_1, x_2..x_n))$ an den gleichen Koordinaten $x_1, x_2..x_n$ und aufgrund einheitlicher statistischer Maßzahlen verglichen werden. Es sei jedoch an dieser Stelle betont, dass diese Maßzahlen nur Anhaltspunkte liefern können und im Zweifelsfall ein grafischer Vergleich der Aussagen des Modells mit den gefundenen experimentellen Werten durchzuführen ist. Darüber hinaus ist die Bewertung statistischer Modelle auch mit anderen statistischen Aussagen möglich, insbesondere mit Hilfe von Hypothesentests.

4.3.1.1   Bestimmtheitsmaß

Das Bestimmtheitsmaß B ergibt sich aus den quadratischen Abweichungen der Modellwerte $\hat{y}$ und den Ausgangsdaten y:

$$B = \frac{\left[\sum_{i=1}^{K}(y_k - \overline{y})(\hat{y}_k - \overline{\hat{y}})\right]^2}{\sum_{i=1}^{K}(y_k - \overline{y})^2 \sum_{i=1}^{K}(\hat{y}_k - \overline{\hat{y}})^2} \tag{4.14}$$

Es handelt sich dabei um eine statistische Masszahl für die Vorhersagegenauigkeit des Modells, welche zwischen 0 und 1 liegt und daher auch gern als Prozentwert angegeben wird.

Mathematisch gesehen ergibt sich das Bestimmtheitsmaß durch Quadrieren des Korrelationskoeffizienten. Für die statistische Interpretation ist dieser Umstand jedoch irreführend, da das Modell erwartungsgemäß immer mit den Ausgangswerten korrelieren sollte und daher negative Werte für den Korrelationskoeffizienten nicht zu erwarten sind. Kleine Werte des Bestimmtheitsmaßes zeigen an, dass entweder das Modell nicht adequat für die Beschreibung der Ausgangsdaten ist oder die Ausgangsdaten selbst stark steuen.

Eine weitere und neben dem Bestimmtheitsmaß gleichermaßen wichtige Bewertungsgröße für statistische Modelle ist die Reststreuung.

4.3.1.2   Reststreuung

Die Reststreuung s_R ergibt sich aus N Messwerten $y(x)$ und den dazugehörigen Modellwerten $\hat{y}(x)$ nach dem Zusammenhang:

$$s_R = \frac{1}{N-2}\sum_{i=1}^{N}(y_i - \hat{y}_i)^2 \tag{4.15}$$

Gl. 4.15 beschreibt die mittlere quadratische Abweichung, welche bei der Vorhersagegenauigkeit des Modells zu berücksichtigen ist und auch gern als „Fehlanpassung" bezeichnet wird.

4.3.2 Lineare Regression

Lineare Regressionsmodelle finden eine sehr breite Anwendung, da diese sehr einfach aufgebaut und mit vergleichsweise geringem mathematischen Aufwand zu berechnen sind. Insbesondere bei kleinen Datenmengen oder stark streuenden Daten sind diese Modelle aber kritisch zu bewerten. Daher ist vorher zu prüfen, ob der den empirischen Werten zugrunde liegende Zusammenhang eine lineare Beschreibung rechtfertigt oder ob die Ausgangswerte durch eine entsprechende Transformation linearisiert werden können.

Die Berechnung eines linearen Modells in Form einer einzelnen Regressionsgerade ist sehr verbreitet und insbesondere im Zusammenhang mit grafischen Darstellungen häufig anzutreffen. Eine Regressionsgerade hat die Form:

$$\hat{y} = m \times x + n \tag{4.16}$$

Die Koeffizienten der Regressionsgerade m und n in Gl. 4.19 heißen Anstieg und Konstante und können aus den empirisch erhobenen Werten x, y sehr einfach gewonnen werden:

$$m = \frac{\sum_{k=1}^{K} (x_k - \overline{x}) (y_k - \overline{y})}{\sum_{k=1}^{K} (x_k - \overline{x})^2} \tag{4.17}$$

$$n = \overline{y} \tag{4.18}$$

Aufgrund des einfachen und leicht interpretierbaren Modellansatzes der linearen Regression können diese Modelle sehr gut zur Bewertung kontinuierlich anfallender Werte im Sinne einer Prozesskontrolle eingesetzt werden. Abb. 4.4 erläutert dazu die Vorgehensweise am Beispiel eines Datensatzes von 146 aufeinander folgenden Messwerten. In Abb. 4.4 (oben) sind sowohl die diskreten Ausgangsdaten (Kreuze) als auch die lokalen linearen Regressionsmodelle für jeweils 15 aufeinander folgende Daten (durchgezogene Linien) dargestellt. Eine Analyse dieser Regressionsmodelle in Abb. 4.4 (mitte) zeigt, dass der Anstiegsparameter m, als Trend in den Ausgangsdaten interpretiert, im Betrag relativ gleichbleibend ist, jedoch mit ansteigenden x-Werten zunehmend oszilliert. Weiterhin zeigt Abb. 4.4 (unten), dass der Modellparameter n mit zunehmenden x-Werten ebenfalls schwankt, aber an Stärke deutlich zunimmt. Werden die lokalen Modellparameter n in Abb. 4.4 (unten) als Drift interpretiert, so zeigen diese Parameter, dass die Ausgangsdaten in Abb. 4.4 (oben) mit ansteigenden x-Werten auseinander driften. Ursachen für dieses Auseinanderdriften könnte z. B. sein, dass es sich bei den Ausgangsdaten um Messwerte von Produkten handelt, welche von mehreren Maschinen produziert werden oder dass Ausgangsprodukte unterschiedlicher Hersteller in der Fertigung eingesetzt wurden, deren Merkmale zunehmend voneinander abweichen. Diese Ursachen sollen im folgenden Abschnitt mit Hilfe der Multiplen Linearen Regression näher untersucht und beschrieben werden.

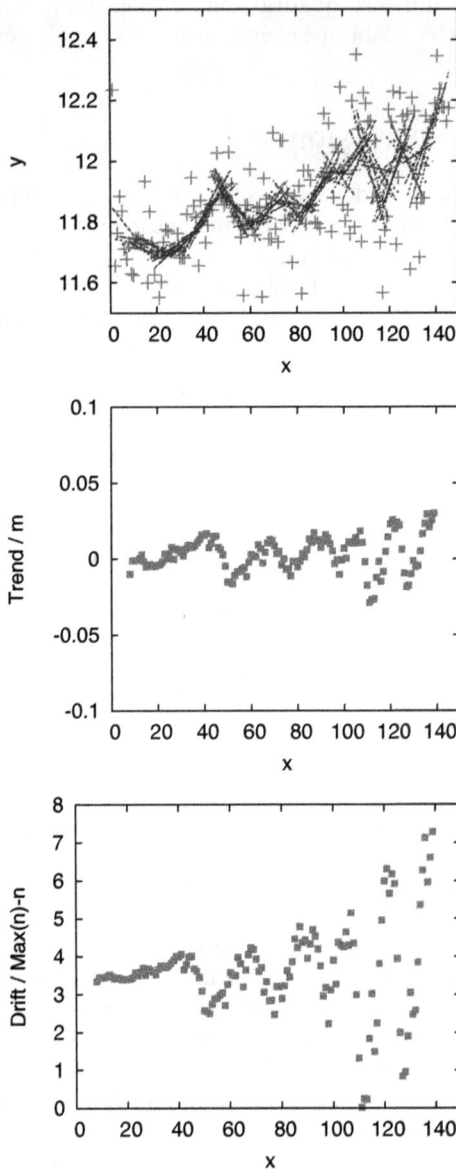

Abb. 4.4: *Berechnung lokaler linearer Regressionsmodelle entsprechend Gl. 4.16 für jeweils 15 aufeinanderfolgende Datenpunkte (oben) einer laufenden Fertigungsüberwachung und Darstellung der jeweiligen Modellparameter m (Anstieg), interpretiert als Trend der Ausgangsdaten, (mitte) sowie Beschreibung einer Drift in den Ausgangsdaten durch die Modellparameter n (unten).*

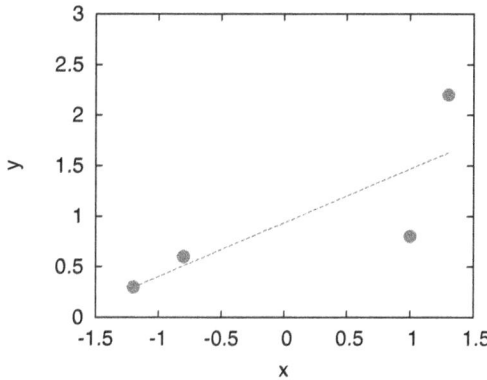

Abb. 4.5: *Klassische Regressionsgerade am Beispiel von 4 empirischen x,y-Datenpaaren.*

4.3.3 Multiple lineare Regression

Es ist selbstverständlich, dass die Ausgangsdaten x,y mehreren Einflüssen unterliegen, welche durch die Berechnung einer Regressionsgeraden entsprechend Gl. 4.19 nur gemittelt zum Ausdruck gebracht werden können. Angenommen, es liegen x,y-Werte entsprechend Abb. 4.5 vor, so ist es offensichtlich, dass die y-Werte mindestens zwei Einflüssen unterliegen: Jenem, welcher mit größer werdenden x-Werten steigende y-Werte hervorruft und einem anderen, welcher gleichzeitig die Werte in y-Richtung stärker streuen lässt. Unterschiedliche Trends in einer Punktwolke von Daten können mit einer einfachen linearen Regression nicht zum Ausdruck gebracht werden, wozu es der „Multiplen Linearen Regression" bedarf.

Die multiple Regression untersucht Trends empirisch gewonnener Daten richtungsabhängig und kann daher im Falle der linearen Regression mehrere Trendgeraden aufzeigen.

Obwohl die multiple Regression nicht auf den linearen Fall beschränkt ist, werden jedoch die Aussagen in diesem Fall besonders deutlich.

Um den Trend empirischer Daten x,y in einer bestimmten Richtung zu beschreiben, wird nun der Winkel φ verwendet, welcher die Richtung der Trendgeraden beschreibt. Im typischen Fall der multiplen Regression werden alle Trends in den empirischen Daten gesucht, welche sich mindestens um einen Betrag $\Delta\varphi$ unterscheiden. Daher erfolgt in einem ersten Schritt der multiplen Regression die orthogonale Transformation entsprechend Gl. 4.19 aller K Ausgangsdaten x_k,y_k mit dem Winkel φ. Bei dieser Transformation handelt es sich um die Givens-Rotation, nach James Wallace Givens[XVIII].

$$\begin{aligned}
\widetilde{x}_k &= x_k cos\,(\varphi) - y_k sin\,(\varphi) \\
\widetilde{y}_k &= x_k sin\,(\varphi) + y_k cos\,(\varphi)
\end{aligned} \tag{4.19}$$

Für die entsprechend Gl. 4.19 transformierten Werte wird die lineare Regression dann jeweils einzeln entsprechend Gl. 4.20 durchgeführt und man erhält die lineare Regressionsgleichung für die um den Winkel φ gedrehten Daten $\widetilde{x}_k, \widetilde{y}_k$:

$$\widetilde{\widehat{y}}(\varphi) = \widetilde{m}(\varphi) \times \widetilde{x}(\varphi) + \widetilde{n}(\varphi) \tag{4.20}$$

Das so erhaltene Regressionsmodell aus Gl. 4.20 muss noch um den Winkel $-\varphi$ mit Hilfe von Gl. 4.19 zurück transformiert werden:

$$\begin{aligned} x &= \widetilde{x}\cos(\varphi) + (\widetilde{m}\widetilde{x} + \widetilde{n})\sin(\varphi) \\ mx + n &= -\widetilde{x}\sin(\varphi) + (\widetilde{m}\widetilde{x} + \widetilde{n})\cos(\varphi) \end{aligned} \tag{4.21}$$

Aus Gl. 4.21 ergeben sich schließlich die Koeffizienten des linearen richtungsabhängigen Regressionsmodells:

$$\begin{aligned} m &= -\frac{\widetilde{m}\cos(\varphi)+\sin(\varphi)}{\widetilde{m}+\cos(\varphi)}\cos(\varphi) + (\widetilde{m}\widetilde{x} + \widetilde{n})\sin(\varphi) \\ n &= \frac{\widetilde{m}\cos(\varphi)+\sin(\varphi)}{\widetilde{m}+\cos(\varphi)} - \widetilde{x}\sin(\varphi) + (\widetilde{m}\widetilde{x} + \widetilde{n})\cos(\varphi) \end{aligned} \tag{4.22}$$

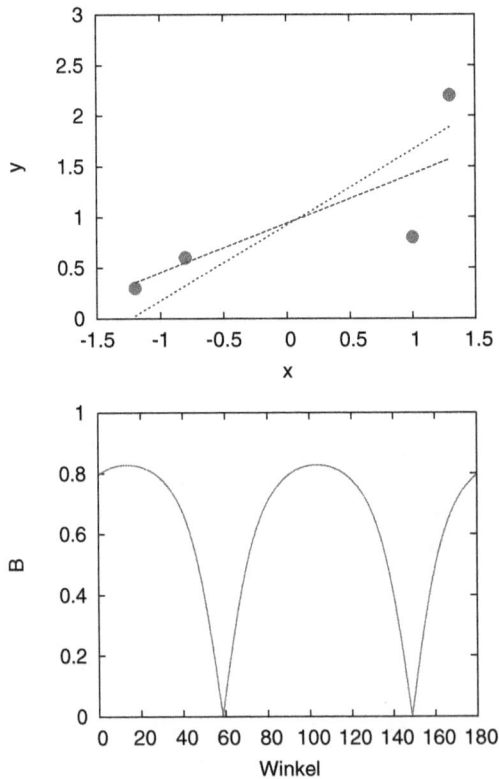

Abb. 4.6: *Klassische Regressionsgerade am Beispiel von 4 empirischen Datenpaaren x,y.*

In Abb. 4.6 wurden die gleichen Datenpunkte wie schon in Abb. 4.5 verwendet, jedoch um diesmal die multiple lineare Regression durchzuführen. Nach der Durchführung der multiplen Regression in Abb. 4.6 ergeben sich zwei Geraden, welche bei einem maximalen Wert des Bestimmtheitsmaßes von ca. 80 % und den Transformationswinkeln von 13,7° und 103,7° gefunden wurden. Diese beiden Trendgeraden beschreiben die Ausdehnungen der Punktwolke in Abb. 4.6. Die gleiche Abbildung zeigt weiterhin das richtungsabhängige Bestimmtheitsmaß in Abhängigkeit des Transformationswinkels φ aller berechneten Transformationsgeraden. Das Bestimmtheitsmaß der in Abb. 4.5 gezeigten Regressionsgerade beträgt $B = 79,5\,\%$ und entspricht einem Transformationswinkel der multiplen lineare Regression von 0° bzw. 180°. Die Maxima des Bestimmtheitsmaßes für die mit der multiplen Regression erhaltenen Regressionsgeraden sind geringfügig höher und betragen 82,8%. Es sind sehr leicht Beispiele zu finden, in welchen das Bestimmtheitsmaß einer linearen Regressionsgeraden noch deutlicher durch die Modelle der multiplen linearen Regression übertroffen wird.

Bei der lokalen Anwendung der multiplen linearen Regression auf jeweils 15 Datenpunkte des Datensatzes, welcher bereits in Abb. 4.4 vorgestellt wurde, ergeben jeweils zwei lokale Regressionsgeraden mit Transformationswinkeln φ von etwa 135° und 45° ein Maximum des Bestimmtheitsmaßes. Abb. 4.7 (oben) zeigt die Ausgangsdaten mit den jeweiligen lokalen multiplen Regressiongeraden. Die Differenzen des Trendes derselben (Modellparameter $m(\sim 135°) - m(\sim 45°)$) sind in Abb. 4.7 (mitte) sowie die Werte der Driften (Modellparameter $n(\sim 135°) - n(\sim 45°)$) in Abb. 4.7 (unten) dargestellt. Diese Abbildungen zeigen deutlich, dass die Aufspaltung der Ausgangsdaten mit zunehmenden x-Werten in zwei Datengruppen erfolgt, wobei der Trend innerhalb der jeweiligen Datengruppe relativ konstant bleibt.

4.3.4 Mehrdimensionale lineare Regression

Mehrdimensionale lineare Regressionsmodelle werden in der Form

$$\hat{y} = m_1 \times x_1 + m_2 \times x_2 .. m_N \times x_N + n_0 \qquad (4.23)$$

angegeben und für die Interpretation statistischer Daten gern benutzt. Die Koeffizienten $m_1, m_2 ... m_N$ geben die lineare Steigung des Modells in Abhängigkeit der jeweiligen Koordinaten $x_1, x_2 .. x_N$ an und die Konstante n_0 wird oft als „offset" interpretiert. Diese Modelle sind einfach zu berechnen und auf den wesentlichen linearen Zusammenhang zwischen Daten beschränkt. Allgemein ergeben sich die Koeffizienten m des Regressionsmodells für K-Daten $y_k(x_{1,k}, x_{2,k} .. x_{N,k})$ aus der Koeffizientenmatrix $\underline{M}$ des Gleichungssystems in Matrixschreibweise $\underline{X} \times \underline{M} = \underline{Y}$ mit der Koordinatenmatrix $\underline{X}$ und dem Datenvektor $\underline{Y}$:

$$\begin{vmatrix} x_{1,1} & \cdots & x_{N,1} & 1 \\ x_{1,2} & \cdots & x_{N,1} & 1 \\ \vdots & & \vdots & \vdots \\ x_{1,K-1} & \cdots & x_{N,K-1} & 1 \\ x_{1,K} & \cdots & x_{N,K,,} & 1 \end{vmatrix} \times \begin{vmatrix} m_1 \\ \vdots \\ m_N \\ n_0 \end{vmatrix} = \begin{vmatrix} y_1 \\ y_2 \\ \vdots \\ y_{K-1} \\ y_K \end{vmatrix} \qquad (4.24)$$

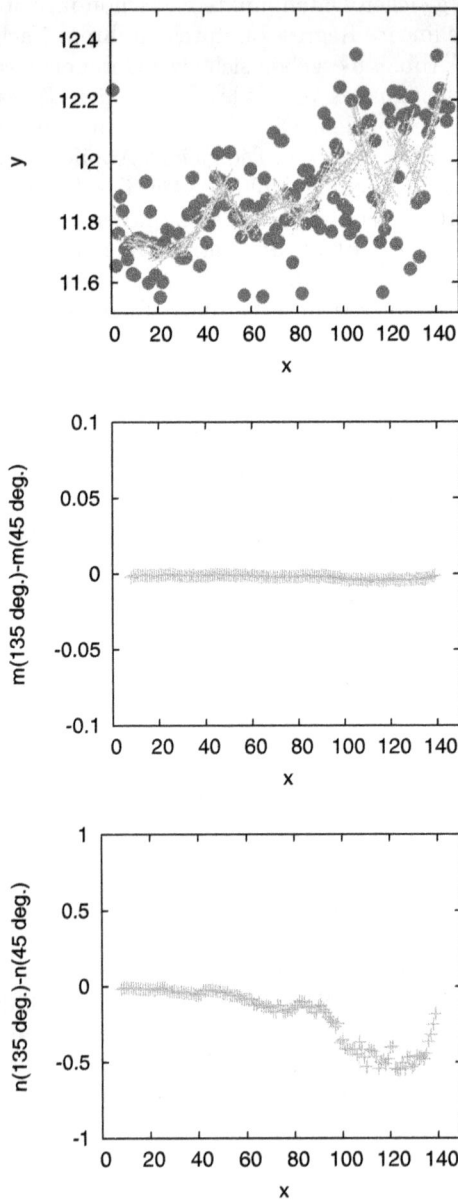

Abb. 4.7: *Multiple lineare Regression für jeweils 15 aufeinanderfolgende Daten (oben) und Darstellung der Differenzen des Trendes der lokalen Regressionsmodelle (mitte) sowie der Drift (unten).*

Im Fall von Gl. 4.24 werden alle K-Datenpunkte für die Ermittlung der Koeffizienten $m_1, m_2...m_N, n_0$ des Regressionsmodells gleich behandelt, d. h. es wird ein lineares Minimierungsproblem gelöst:

$$min\left\{\sum_{k=1}^{K}(y_k - \hat{y}_k)^2\right\} \tag{4.25}$$

Zur Lösung der Gl. 4.25 wird die lineare Regressionsfunktion nach der „Methode der kleinsten Quadrate" (MKQ) nach Gauß[XIX] verwendet. Diese Methode wichtet den Abstand eines Datenpunktes y vom Modellwert $\hat{y}$ quadratisch, um das Minimum des Fehlers für alle N-Datenpunkte einzustellen:

Aus dem Modellansatz 4.23 ergibt sich mit der Bedingung in Gl. 4.25 folgendes Minimierungsproblem, welches durch partielle Ableitungen nach allen Koeffizienten bestimmt wird:

$$min\left\{\sum_{k=1}^{K}(y_k - m_1 \times x_{k,1} - ..m_N \times x_{k,N} - n_0)^2\right\} \tag{4.26}$$

Beispiel

Für K $(k = 1..K)$ Daten $y_k(x_k)$, welche nur von einer Koordinate x abhängen, ist die lineare Regressionsfunktion nach der Methode der kleinsten Quadrate gesucht. Aus Gl. 4.26 ergibt sich nach der partiellen Ableitung für die Regressionskoeffizienten m und n_0 folgendes Gleichungssystem:

$$\begin{aligned}
\frac{\partial}{\partial m}\sum_{k=1}^{K}(y_k - m \times x_k - n_0)^2 &= -2\sum_{k=1}^{K}x_k(y_k - m \times x_k - n_0) = 0 \\
\frac{\partial}{\partial n_0}\sum_{k=1}^{K}(y_k - m \times x_k - n_0)^2 &= -2\sum_{k=1}^{K}(y_k - m \times x_k - n_0) = 0
\end{aligned} \tag{4.27}$$

Nach dem Auflösen der Summen in Gl. 4.27 ergibt sich

$$\begin{aligned}
-m\sum_{k=1}^{K}x_i^2 - n_0\sum_{k=1}^{K}x_k &= \sum_{k=1}^{K}x_k y_k \\
-m\sum_{k=1}^{K}x_i - Kn_0 &= \sum_{k=1}^{K}y_k
\end{aligned} \tag{4.28}$$

woraus die Koeffizienten m und n_0 durch Einsetzen oder im Falle mehrerer Koeffizienten z. B. mit dem Gaußschen Algorithmus bestimmt werden können.

4.3.5 Quasilineare Regressionsmodelle

Quasilineare Regressionsmodelle werden sehr häufig für die empirische Modellierung von Messwerten eingesetzt, da diese Modelle mit Hilfe linearer Gleichungen berechnet werden können und die Struktur dieser Modelle sehr anschaulich ist. Aus mathematischer Sicht handelt es sich bei diesen Modellen um Polynome ganzer rationaler Funktionen, welche aus positiven ganzzahligen Potenzen einzelner Variablen m_i sowie Termen für deren Wechselwirkungen untereinander gebildet werden. Da es sich bei der Beschreibung von Modellansätzen als sehr nützlich erwiesen hat, werden in der Statistik die folgenden Bestandteile dieser Modelle unterschieden, welche für die Erläuterung eines statistischen Modellansatzes wichtig sind.

Einfache Terme werden unterschieden in:

- Lineare Terme, dabei handelt es sich um die einzelnen Werte

- Quadratische Terme, dabei handelt es sich um die Quadrate der Werte

- Terme höherer Ordnung, dabei handelt es sich um die Potenzen der Werte

$$
\begin{aligned}
\hat{y} = & \sum_i x_i\, m_i && (lineare\ Terme) \\
+ & \sum_j x_{,i}^2\, m_i && (zweite\ Ordnung) \\
+ & \sum_k x_{,i}^3\, m_i && (dritte\ Ordnung) \\
& \vdots
\end{aligned}
\tag{4.29}
$$

Wechselwirkungsterme werden unterteilt in:

- Lineare Wechselwirkungen, sind Bestandteile der Terme zweiter Ordnung und werden auch häufig als „einfache" Wechselwirkungen bezeichnet, da hier nur jeweils die Produkte zweier Werte und keine höheren Potenzen berücksichtigt werden.

- Höhere lineare Wechselwirkungen, gehören zu den Termen der jeweiligen höheren Ordnung und beinhalten Produkte von mehr als zwei Werten, wobei ebenfalls nur jeweils die erste Potenz vorkommt.

- Höhere Wechselwirkungen einer bestimmten Ordnung, beinhalten alle Produkte von Messwerten, wobei mindestens ein Messwert mit einer Potenz größer als eins vorkommt.

$$
\begin{aligned}
y = & \sum_j \sum_i x_j x_{,i}\, n_{ji} && (lineare\ Wechselwirkung) \\
+ & \sum_k \sum_j \sum_i x_k x_j x_i\, m_{kji} && (höhere\ lin.\ Wechselwirkung) \\
+ & \sum_k \sum_j \sum_i x_k^2 x_j x_i\, m_{kji} && (Wechselwirkung\ 2.\ Ordnung) \\
& \vdots
\end{aligned}
\tag{4.30}
$$

Entsprechend der Systematik dieser Aufzählung würde z. B. der statistische Modellansatz $y = m_1 x_1 + m_2 x_2 + m_3 x_1 x_2$ als „Statistisches Modell 1. Ordnung einschließlich der Wechselwirkungen" beschrieben. Das statistische Modell $y = m_1 x_1 + m_2 x_2 + m_3 x_1^2 + m_4 x_2^2$ bezeichnet man hingegen als „Modell 2. Ordnung ohne Wechselwirkungen".

Obwohl die Terme der quasilinearen Modellansätze nichtlineare Einflüsse der Messwerte berücksichtigen, bleiben die Koeffizienten linear und die Berechnung führt immer auf ein lineares Gleichungssystem. Die Ordnung der Terme ist im allgemeinen nicht beschränkt, allerdings muss berücksichtigt werden, dass mit zunehmender Ordnung die berechnete Modellfunktion erheblich nichtlineares Verhalten bekommen kann und die praktische Interpretation von Werten des Modellansatzes insgesamt schwieriger wird. Es ist daher vor der Berechnung quasilinearer Regressionsmodelle sinnvoll, eine maximale

Tab. 4.6: *Messwerte Y in Abhängigkeit der Variablen A, B, C für quasilineare Modellierung.*

A	B	C	Y
347,7	35,8	81,1	6,7
333,0	33,3	80,0	1,6
205,4	10,9	70,4	2,0
356,8	37,4	81,8	7,8
226,3	14,6	72,0	5,6
300,2	27,5	77,5	3,0
222,8	14,0	71,7	3,3
288,7	25,5	76,7	3,0

Ordnung festzulegen, welche typisch nicht höher als drei ist. Die Anzahl der Terme in einem quasilinearen Regressionsmodell muss dabei keineswegs so vollständig sein, wie es nach der Betrachtung von Gl. 4.30 vielleicht den Anschein hat. Insbesondere sollten Wechselwirkungsterme ausgeschlossen bleiben, welche aufgrund des Sachverstandes für den zu modellierenden Prozess bedeutungslos oder irreführend sind. Wurden die Terme sinnvoll eingegrenzt, werden die Koeffizienten der Matrix $\underline{M}$ des Gleichungssystems

$$\underline{M} \times \underline{X} = \underline{Y} \tag{4.31}$$

berechnet, wie es folgendes Beispiel zeigt.

Beispiel: Aufstellen eines quasilinearen Regressionsmodells zweiter Ordnung mit den Termen der linearen einfachen und höheren Wechselwirkungen

Ausgehend von den Messwerten Y, welche aus Untersuchungen mit drei Einstellgrößen A, B, C in Tab. 4.6 vorliegen, wurde der folgende quasilineare Modellansatz ausgewählt:

$$\begin{aligned} Y(A, B, C) = {} & x_1 A + x_2 B + x_3 C \\ & + x_4 AB + x_5 AC + x_6 BC \\ & + x_7 A^2 + x_8 B^2 + x_9 C^2 + x_{10} ABC \end{aligned} \tag{4.32}$$

Mit Hilfe des Modellansatzes in Gl. 4.32 und der Ausgangswerte in Tab. 4.6 wurde die Koeffizientenmatrix $\underline{M}$ des Gleichungssystems aus Gl. 4.31 berechnet, wie es Tab. 4.7 zeigt.

Die Koeffizientenmatrix $\underline{M}$ für die Berechnung des quasilinearen Modells enthält 10 Spalten mit den Werten aus Tab. 4.6 und 4.7. Für die nun folgende mathematische Vorgehensweise werden die unbekannten Koeffizienten des Gleichungssystems (m_i) der

Tab. 4.7: Berechnete zusätzliche Werte der Koeffizientenmatrix für die Berechnung des quasilinearen Regressionsmodells in Gl. 4.32 (Die Werte dieser Tabelle und die Spalten 1-3 aus Tab. 4.6 werden zu einer gemeinsamen Koeffizientenmatrix mit 10 Spalten zusammengefügt).

$A \times B$	$A \times C$	$B \times C$	A^2	B^2	C^2	$A \times B \times C$
12460,5	28186,6	2905,8	120869,2	1284,6	6573,1	1010235,1
11077,7	26628,3	2660,6	110867,8	1106,9	6395,6	885909,4
2246,5	14458,2	770,1	42175,0	119,7	4956,5	158158,2
13362,0	29175,7	3061,7	127330,7	1402,2	6685,1	1092512,2
3302,7	16284,4	1050,5	51196,7	213,1	5179,7	237698,8
8267,9	23272,3	2134,7	90134,1	758,4	6008,8	640898,9
3119,3	15980,9	1003,8	49659,5	195,9	5142,8	223696,3
7369,1	22130,6	1956,5	83353,5	651,5	5875,7	564865,8

besseren Übersicht wegen nach $x_1, x_2...$ umbenannt und es ergibt sich folgendes Gleichungssystem:

$$\underline{M} \times \underline{X} = \underline{Y}$$

$$x_1 \begin{bmatrix} M_{1,1} \\ M_{2,1} \\ M_{3,1} \\ M_{4,1} \\ M_{5,1} \\ M_{6,1} \\ M_{7,1} \\ M_{8,1} \end{bmatrix} + x_2 \begin{bmatrix} M_{1,2} \\ M_{2,2} \\ M_{3,2} \\ M_{4,2} \\ M_{5,2} \\ M_{6,2} \\ M_{7,2} \\ M_{8,2} \end{bmatrix} \cdots + x_{10} \begin{bmatrix} M_{1,10} \\ M_{2,10} \\ M_{3,10} \\ M_{4,10} \\ M_{5,10} \\ M_{6,10} \\ M_{7,10} \\ M_{8,10} \end{bmatrix} = \begin{bmatrix} Y_1 \\ Y_2 \\ Y_3 \\ Y_4 \\ Y_5 \\ Y_6 \\ Y_7 \\ Y_8 \end{bmatrix} \tag{4.33}$$

Wie Gl. 4.33 verdeutlicht, ergibt das Modell ein Gleichungssystem mit 8 Gleichungen und 10 Koeffizienten ($x_1, x_2...x_{10}$), was aus mathematischer Sicht dazu führt, dass maximal 8 Koeffizienten des statistischen Modells bestimmt werden können. Dieser Umstand ist jedoch keinesfalls kritisch, da jede statistische Modellierung nur nach den wesentlichen Termen eines Modells fragt und nur in sehr seltenen Fällen wirklich alle Modellterme erforderlich sind. Im Fall des Gleichungssystems in Gl. 4.35 mit weniger Zeilen als Spalten spricht man von einem unterbestimmten Gleichungssystem, wären mehr Zeilen als Spalten vorhanden, heißt ein solches Gleichungssystem überbestimmt. Es sei noch darauf hingewiesen, dass insbesondere bei der Modellierung von Versuchsdaten aus statistischen Versuchsplänen und hinreichend hoher Ordnung des quasilinearen Modellansatzes sehr häufig von unterbestimmten Gleichungssystemen ausgegangen werden muss.

Für die Lösung des Gleichungssystems in Gl. 4.33 soll diesmal das QR- Verfahren nach Householder[XX] eingesetzt werden, welches insbesondere bei stark überbestimmten Gleichungssystemen dem Gaußschen-Verfahren an numerischer Genauigkeit überlegen ist. Allen diesen numerischen Verfahren ist gemeinsam, dass die Lösung eines Gleichungssystems durch spaltenweise Umformung schrittweise berechnet wird. Um den dabei unvermeidbar auftretenden numerischen Rechenfehler möglichst gering zu halten, werden vor jeder numerischen Umformung sogenannte Pivotisierungen durchgeführt. Dabei wird durch Zeilen- und Spaltenvertauschungen dafür gesorgt, dass das betragsmäßig größte Element an günstigster Stelle innerhalb der Koeffizientenmatrix $\underline{M}$ steht, bevor die nächste Transformation ausgeführt wird. Diese Pivotisierungen sind möglich, da das Vertauschen von Zeilen und Spalten innerhalb der Koeffizientenmatrix $\underline{M}$ das Ergebnis des Gleichungssystems nicht verändert. Die Spalten- Pivotisierung lässt sich daher auch für die statistische Bewertung und entsprechende Auswahl der Koeffizienten eines quasilinearen Modellansatzes im Verlaufe der numerischen Berechnung ausnutzen, um so jene Koeffizienten zuerst zu berechnen, welche den größten Beitrag zum Bestimmtheitsmaß leisten. Betrachtet man dazu Gl. 4.33 wird deutlich, dass zwischen jeder Spalte der Koeffizientenmatrix $\underline{M}$ und dem Vektor $\underline{Y}$ ein lokales Bestimmtheitsmaß berechnet werden kann, ohne den dazugehörigen Wert des Koeffizienten des Regressionsmodells $(x_1, x_2 ... x_{10})$ zu kennen, da das Bestimmtheitsmaß invariant gegen einen solchen Skalierungsfaktor ist. Vor jedem numerischen Rechenschritt zur Umformung der Koeffizientenmatrix $\underline{M}$ werden daher die Spalten des Gleichungssystems so umsortiert, dass die Spalte von $\underline{M}$ mit dem größten Wert des lokalen Bestimmtheitsmaßes zu dem Vektor $\underline{Y}$ als Pivotspalte verwendet, d. h. zuerst berechnet wird. Wurden alle möglichen Koeffizienten des Regressionsmodells aus dem unterbestimmten Gleichungssystem 4.33 berechnet oder liefern die noch zu berechnenden Koeffizienten keinen hinreichend großen Zuwachs hinsichtlich des Bestimmtheitsmaßes mehr, ist die Umformung und Lösung des Gleichungsystems beendet. Für das quasilineare Modell in Gl. 4.35 wurden mit diesem Verfahren folgende 4 Terme ausgewählt:

$$\begin{aligned} \hat{y}(A, B, C) = {} & -0{,}603152 \times B^2 - 0{,}537106 \times C \\ & +0{,}001541 \times ABC - 0{,}058791 \times AB \end{aligned} \tag{4.34}$$

Das Bestimmtheitsmaß des Modells in Gl. 4.34 mit 4 Termen beträgt 91 %, was für sehr viele Zwecke als ausreichend angesehen werden kann. Das einfachste mögliche Modell mit nur einem Term bei gleichzeitig größtmöglichem Bestimmtheitsmaß ist in Gl. 4.35 angegeben und ergibt immerhin schon ein Wert von B=49 %:

$$\hat{y}(B) = 0{,}004651 \times B^2 \tag{4.35}$$

Die Betrachtung der Koeffizienten des Modells in Gl. 4.34 verführt manchmal dazu, den Beitrag der einzelnen Terme anhand der Beträge der jeweiligen Koeffizienten abzuschätzen, was jedoch, von Spezialfällen oder sehr einfachen linearen Modellen einmal abgesehen, im allgemeinen nicht richtig ist. Dazu sei auf den Vergleich der Koeffizienten für die Terme für B^2 in den Gln. 4.34, 4.35 verwiesen.

4.4 Extrema von Modellen mit Randbedingungen

Ein statistisches Modell liegt als mathematische Funktion $y = f(X)$ vor. Die Untersuchung dieser Funktion hinsichtlich eines Zielwertes kann die Suche nach einem maximalen, minimalen oder optimalen Wert y beinhalten. Im Fall, dass die lokalen Extrema (Minima oder Maxima) benötigt werden, handelt es sich um die Ermittlung der Nullstellen der abgeleiteten Funktion $y' = f'(X) = 0$, oder wenn ein Zielwert y_{opt} der

Funktion $f(X)$ gesucht wird, um die Nullstelle von:

$$0 = Min|f(X) - y_{opt}| \qquad (4.36)$$

Für die praktische Arbeit mit statistischen Modellen hat die Ermittlung der Extrema nur Bedeutung, wenn der Wertebereich von X sinnvoll eingeschränkt werden kann, da globale Extremwerte statistischer Modelle wohl kaum im Wertebereich des dem statistischen Modell zugrunde liegenden Versuchsplans zu finden sind. Die Erweiterung eines statistischen Modells über diesen Wertebereich hinaus ist aber nur in Ausnahmefällen gerechtfertigt und stellt auf jeden Fall die Gültigkeit des Modells in Frage. Weiterhin ist anzumerken, dass, wenn am Ende einer statistischen Untersuchung statistische Modelle hinsichtlich deren mathematischen Eigenschaften untersucht werden sollen, in den meisten Fällen bereits konkrete Anforderungen hinsichtlich des möglichen Wertebereiches bestanden und nun entsprechend zu berücksichtigen sind. Eine Zielwert- oder Extremwertsuche außerhalb des Wertebereiches sollte daher kaum erforderlich sein. Im Mittelpunkt der Zielwertsuche mit Hilfe von statistischen Modellen steht daher die mathematische Lösung der Gl. 4.36 im Versuchsgebiet. Für die Minimierungsaufgabe entsprechend Gl. 4.36 stehen mathematische Standardverfahren wie das Newton-Verfahren, die Regula-Falsi und andere zur Verfügung, welche für beliebige Funktionen, lineare wie nichtlineare, geeignet sind, jedoch speziell auf die Berücksichtigung der Randbedingungen des Versuchsgebietes ausgelegt sein müssen. Die spezielle Struktur statistischer Modelle als lineare oder quasilineare mathematische Funktion erlaubt jedoch auch entsprechend angepasste Vorgehensweisen, welche z. B. in dem Fachgebiet der Linearen Optimierung gefunden werden können.

4.4.1   Lineare Modelle und der Simplex-Ansatz

Das Simplex-Verfahren[XXI] ist ein spezielles Verfahren der Linearen Optimierung, welches vor allem für die Optimierung betriebswirtschaftlicher Zusammenhänge zu den Standardverfahren zählt. Dieses Verfahren wurde entwickelt, um positive Maxima linearer Gleichungen bei gleichzeitiger Berücksichtigung von Randbedingungen und mit vergleichsweise geringem mathematischen Aufwand zu finden. Wurde ein Maximum mit diesem Verfahren gefunden, handelt es sich um das globale Maximum des durch die gegebenen Randbedingungen eingegrenzten Wertebereiches. Dabei kann es vorkommen, dass gleiche Werte des Maximums im Wertebereich mehrfach auftreten. Dem Simplex-Verfahren liegen die folgenden Aussagen zugrunde:

1. Eine lineare Funktion kann in einem durch positive Randbedingungen eingegrenzten Wertebereich dadurch maximiert werden, dass die Argumente X bezogen auf die Grenzen des Wertebereiches maximal sind. Daher geht das Simplex-Verfahren davon aus, dass es sich bei der zu maximierenden Funktion um eine lineare Funktion mit ausschließlich positiven Koeffizienten und ohne Wechselwirkungen handelt, welche im vorgegebenen Wertebereich unbeschränkt wächst.

2. Aus den Randbedingungen des Maximierungsproblems lassen sich lineare Gleichungen ableiten, welche ein eindeutig bestimmtes oder überbestimmtes Gleichungssystem ergeben. Durch geeignete Pivotisierung können aus diesem Gleichungssystem nur jene so ausgewählt werden, damit sich ein eindeutig bestimmtes

Gleichungssystem ergibt, welches für die Bestimmung der Werte der Argumente tatsächlich die einschränkenden Bedingungen darstellen.

Beide Ansätze des Simplexverfahrens sind für die Optimierung interessant und haben zur weiten Verbreitung dieser Methode im Fachgebiet der Linearen Optimierung geführt.

Beim Lösen der Minimierungsaufgabe in Gl. 4.36 ist im Falle eines linearen statistischen Modells der Form

$$y_{max} = m_1 x_1 + m_2 x_2 + \ldots \\ m_{1,2} x_1 x_2 + m_{1,3} x_1 x_3 + \ldots \tag{4.37}$$

zu berücksichtigen, dass nicht nur die Merkmale selbst, sondern auch deren Wechselwirkungen von Interesse sind und jeweils voneinander unabhängige Grenzen aufweisen können, innerhalb welcher die Lösung gefunden werden soll. So kann z. B. bei der Suche nach einem besten Arbeitspunkt mit Hilfe eines statistischen Modells, welches auf einem Versuchsplan der Merkmale Druck und Temperatur basiert, gefordert werden, dass nicht nur beide Merkmale innerhalb bestimmter Grenzen liegen müssen, sondern auch deren Wechselwirkung Druck×Temperatur nur in einem bestimmten, mit eigenen Grenzen versehenen Bereich akzeptiert werden kann. Die Übertragung der Herangehensweisen des Simplexverfahrens auf lineare und quasilineare Gleichungen statistischer Modelle ist dennoch möglich, allerdings sind Wechselwirkungsterme und negative Koeffizienten der Gleichungen im Simplexverfahren zunächst nicht vorgesehen. Daher ist die Anwendung des Simplexverfahrens auf lineare Gleichungen wenig verbreitet und wird in folgenden zwei Schritten, zuerst für ausschließlich positive Koeffizienten m_i und danach für beliebig rationale Koeffizienten durchgeführt. Einschränkend für das hier vorgestellte Verfahren muss gefordert werden, dass die Randbedingungen für die Maximierung sämtlich positiv sind. Allgemein sei noch angemerkt, dass eine Maximierungsstrategie zur Lösung der Aufgabe in Gl. 4.36 auch dann eingesetzt werden kann, wenn das Minimum einer Funktion gesucht ist, wobei in diesem Fall diese Funktion mit -1 zu multiplizieren ist. Aus der Suche nach dem Minimum entsteht so die Suche nach einem Maximum einer Funktion.

4.4.1.1   Maximierung mit positiven Koeffizienten

Zunächst soll die allgemeine Form einer quasilinearen mathematischen Funktion entsprechend Gl. 4.37 für die Optimierung innerhalb eines durch Randbedingungen eingegrenzten Gebietes betrachtet werden, welche ausschließlich positive Koeffizienten $(m_1, m_1 \ldots m_{12} \ldots) > 0$ enthält.

Die Randbedingungen werden durch die maximalen Werte $x_{i,max}$ der Argumente und der dazugehörigen Koeffizienten dieser Funktion entsprechend Gl. 4.38 vorgegeben und sämtlich positiv vorausgesetzt:

$$\begin{aligned} m_1 x_1 &\leqslant m_1 x_{1,max} \\ m_2 x_2 &\leqslant m_2 x_{2,max} \\ &\vdots \\ m_{1.2} x_1 x_2 &\leqslant m_{1,2} x_{1,2,max} \\ &\vdots \end{aligned} \tag{4.38}$$

Unter dieser Voraussetzung können die Wechselwirkungen der Argumente in Gl. 4.38 durch Logarithmierung linearisiert werden, wie es Gl. 4.39 zeigt:

$$
\begin{aligned}
log\,(x_1) &= x_1' \leqslant log\,(m_1 x_{1,max}) = r_1 \\
log\,(x_2) &= x_2' \leqslant log\,(m_2 x_{2,max}) = r_2 \\
&\;\;\vdots \\
log\,(x_1 x_2) &= x_1' + x_2' \leqslant log\,(m_{1,2} x_{1,2,max}) = r_{1,2} \\
&\;\;\vdots
\end{aligned}
\tag{4.39}
$$

Anschließend erfolgt das Aufstellen des Gleichungssystems der Randbedingungen entsprechend Gl. 4.39:

$$
\begin{vmatrix} 1 & 0 \\ 0 & 1 \\ \vdots & \vdots \\ 1 & 1 \end{vmatrix} \times \begin{vmatrix} x_1' \\ x_2' \end{vmatrix} = \begin{vmatrix} r_1 \\ r_2 \\ \vdots \\ r_{1,2} \end{vmatrix}
\tag{4.40}
$$

Das Auflösen der Gl. 4.40 erfolgt im Simplexverfahren als eindeutig bestimmtes Gleichungssystem mit Hilfe des Gaußschen-Algorithmus, wobei nur so viele Gleichungen je Lösung berücksichtigt werden, wie es Spalten in der Koeffizientenmatrix gibt. Durch eine geeignete Pivotisierung werden dabei genau jene Zeilen von Gl. 4.40 ausgewählt, welche die untersten Grenzen des Wertebereiches darstellen. Alternativ können auch alle Lösungen berechnet werden, was aus Anwendersicht durchaus von Interesse sein kann, um evtl. einzelne Randbedingungen im Nachhinein hinterfragen zu können.

Im folgenden Beispiel wird diese Vorgehensweise bei der Maximierung des statistischen Modells $y = x_1 + 2x_2 + 3x + 4x_1 x_2 + 5x_1 x_3$, unter den Randbedingungen $0 < x_1 \leq 3$, $0 < x_2 \leq 4$ und $0 < x_3 \leq 5$ vorgestellt, wobei die Wechselwirkungen zunächst auf den Bereich $0 < x_{12}, x_{13} \leq 10$ eingeschränkt werden.

Die Werte der nach Gl. 4.39 transformierten Randbedingungen für die Maximierung des statistischen Modells lauten,

$$
\begin{aligned}
x_1' &\leq log\,(3) = 0{,}47712 \\
x_2' &\leq log\,(4) = 0{,}60205 \\
x_3' &\leq log\,(5) = 0{,}69897 \\
x_1' + x_2' &\leq log\,(10) = 1 \\
x_1' + x_3' &\leq log\,(10) = 1
\end{aligned}
\tag{4.41}
$$

woraus sich das folgende Gleichungssystem entsprechend Gl. 4.40 ergibt:

$$
\begin{vmatrix} 1 & 1 & 0 \\ 1 & 0 & 1 \\ 1 & 0 & 0 \\ 0 & 1 & 0 \\ 0 & 0 & 1 \end{vmatrix} \times \begin{vmatrix} x_1' \\ x_2' \\ x_3' \end{vmatrix} = \begin{vmatrix} 1 \\ 1 \\ 0{,}47712 \\ 0{,}60206 \\ 0{,}69897 \end{vmatrix}
\tag{4.42}
$$

Beim Aufstellen der Gl. 4.42 wurde berücksichtigt, dass die Randbedingungen der Wechselwirkungen $x_{12}, x_{13} \leq 10$ den Wertebereich stärker einschränken als die Bedingungen der einzelnen Faktoren $x_1 \leq 3$, $x_2 \leq 4$ und $x_3 \leq 5$ und daher Bestandteil der eindeutigen Lösung sein müssen.

Nach einer ersten Transformation von Gl. 4.42 mit dem Gaußschen- Algorithmus ergibt sich:

$$
\begin{vmatrix} 1 & 1 & 0 \\ 0 & -1 & 1 \\ 0 & -1 & 0 \\ 0 & 1 & 0 \\ 0 & 0 & 1 \end{vmatrix} \times \begin{vmatrix} x_1' \\ x_2' \\ x_3' \end{vmatrix} = \begin{vmatrix} 1 \\ 0 \\ -0{,}52287 \\ 0{,}60206 \\ 0{,}69897 \end{vmatrix}
\tag{4.43}
$$

Eine weiterer Schritt überführt Gl. 4.43 in ein gestaffeltes System mit einer Koeffizientenmatrix, welche nun als obere Dreiecksmatrix vorliegt:

$$
\begin{vmatrix} 1 & 1 & 0 \\ 0 & -1 & 1 \\ 0 & 0 & -1 \\ 0 & 0 & 1 \\ 0 & 0 & 1 \end{vmatrix} \times \begin{vmatrix} x_1' \\ x_2' \\ x_3' \end{vmatrix} = \begin{vmatrix} 1 \\ 0 \\ -0{,}52287 \\ 0{,}60206 \\ 0{,}69897 \end{vmatrix}
\tag{4.44}
$$

Da das Ausgangs-Gleichungssystem in Gl. 4.42 überbestimmt ist, gibt es für das Gleichungssystem in Gl. 4.44 drei Lösungen in Abhängigkeit der ausgewählten Gleichung für die Variable x_3', wobei die Rücktransformation $x = 10^{x'}$ zu Gl. 4.41 zu beachten ist:

$$
\begin{vmatrix} x_1 \\ x_2 \\ x_3 \end{vmatrix} = \begin{vmatrix} 10^{0,47712} \\ 10^{0,52287} \\ 10^{0,52288} \end{vmatrix}; \begin{vmatrix} 10^{0,39794} \\ 10^{0,60206} \\ 10^{0,60206} \end{vmatrix}; \begin{vmatrix} 10^{0,30103} \\ 10^{0,69897} \\ 10^{0,69897} \end{vmatrix}
\tag{4.45}
$$

Von diesen drei Lösungen in Gl. 4.45 erfüllen nur zwei die geforderten Randbedingungen, wobei die dritte Lösung den maximalen Wert der Ausgangsfunktion $y_{max}(X_3) = 112{,}5$ liefert:

$$
X_3 = \begin{vmatrix} x_1 \\ x_2 \\ x_3 \end{vmatrix} = \begin{vmatrix} 10^{0,30103} \\ 10^{0,69897} \\ 10^{0,69897} \end{vmatrix} = \begin{vmatrix} 2{,}5 \\ 4 \\ 4 \end{vmatrix}
\tag{4.46}
$$

Die mittlere Lösung in Gl. 4.45 $[X_2']^T = [0{,}39794;\ 0{,}60206;\ 0{,}60206]^T$ erfüllt nach der Rücktransformation $X_2 = 10^{X_2'}$ ebenfalls alle geforderten Randbedingungen, liefert aber mit $y(X_2) = 106{,}7$ nicht den Maximalwert des statistischen Modells:

$$
\begin{aligned}
x_1 &= & 3 & \leq 3 \\
x_2 &= 3{,}33333 & & \leq 4 \\
x_3 &= 3{,}33333 & & \leq 5 \\
x_1 x_2 &= & 10 & \leq 10 \\
x_1 x_3 &= & 10 & \leq 10
\end{aligned}
\tag{4.47}
$$

Werden nun die Randbedingungen der Wechselwirkungen durch $x_{12} \leq 15$ und $x_{13} \leq 20$ so verändert, dass diese den Wertebereich der Variablen x_1, x_2 und x_3 nicht weiter einschränken, wird dies in Gl. 4.48 wie folgt berücksichtigt, wobei ein Spaltenindex links neben der Koeffizientenmatrix die verwendete Randbedingung anzeigt:

$$
\begin{matrix}
(x_1) \\
(x_2) \\
(x_3) \\
(x_{1,2}) \\
(x_{1,3})
\end{matrix}
\begin{vmatrix}
1 & 0 & 0 \\
0 & 1 & 0 \\
0 & 0 & 1 \\
1 & 1 & 0 \\
1 & 0 & 1
\end{vmatrix}
\times
\begin{vmatrix}
x_1' \\
x_2' \\
x_3'
\end{vmatrix}
=
\begin{vmatrix}
0,47712 \\
0,60206 \\
0,69897 \\
1,176091 \\
1,301030
\end{vmatrix}
\tag{4.48}
$$

Die Lösungen für x_1, x_2 und x_3 können aus Gl. 4.48 bereits direkt abgelesen werden und entsprechen den maximalen Werten der Randbedingung, wie es eingangs bereits für das Simplexverfahren gefordert wurde. Der maximale Wert der Ausgangsfunktion ohne einschränkende Randbedingungen beträgt somit $y_{max} = 149$. Wird eine Transformation der Gl. 4.48 mit dem Gaußverfahren durchgeführt, ergibt sich die folgende Gleichung:

$$
\begin{matrix}
(x_1) \\
(x_2) \\
(x_3) \\
(x_{1,2}) \\
(x_{1,3})
\end{matrix}
\begin{vmatrix}
1 & 0 & 0 \\
0 & 1 & 0 \\
0 & 0 & 1 \\
0 & 1 & 0 \\
0 & 0 & 1
\end{vmatrix}
\times
\begin{vmatrix}
x_1' \\
x_2' \\
x_3'
\end{vmatrix}
=
\begin{vmatrix}
0,47712 \\
0,60206 \\
0,69897 \\
0,69897 \\
0,82391
\end{vmatrix}
=
\begin{vmatrix}
10^{0,47712} = 3 \\
4 \\
5 \\
5 \\
6,667
\end{vmatrix}
\tag{4.49}
$$

In Gl. 4.49 wird deutlich, dass die Zeilen der Koeffizientenmatrix mit den Indices (x_2) und $(x_{1,2})$ bzw. (x_3) und $(x_{1,3})$ redundant sind, aber bezogen auf die dazugehörigen Werte der Randbedingungen unterschiedliche Ergebnisse liefern. Die Zeile des Gleichungssystems in Gl. 4.49 mit dem Index $(x_{1,2})$ ergibt einen Wert für x_2, welcher sich auf die Randbedingung $x_{12} \leq 15$, aber nicht auf die Randbedingung für x_2 selbst bezieht. Ebenso verhält es sich mit der Zeile des Index $(x_{1,3})$ in Gl. 4.49. Aus diesem Beispiel wird deutlich, dass die einschränkenden Randbedingungen nach jedem Transformationsschritt des Gleichungssystems 4.42 ermittelt werden können und durch Pivotisierung als Zeile für den nächsten Transformationsschritt des Gauß-Verfahrens auszuwählen sind.

Wird berücksichtigt, dass statistische Modelle durch eine angepasste Skalierung der Daten des Versuchsplans fast immer mit der hier besprochenen mathematischen Form einer linearen Funktion mit Wechselwirkungen und positiven Koeffizienten erstellt werden können, hat die Übertragung des Simplexverfahrens auf die Optimierung dieser Funktionen eine große Bedeutung.

4.4.1.2   Maximierung mit beliebigen Koeffizienten

Im allgemeinen weisen lineare statistische Modelle entsprechend der Form in Gl. 4.37 rationale Koeffizienten auf, weshalb diese Funktionen in dem durch Randbedingungen eingeschränkten Wertebereich nicht monoton ansteigen. Eine Maximierung dieser Funktionen mit dem Simplex-Ansatz ist jedoch möglich. Wird bspw. von einem linearen statistischen Modell der Form $y = x_1 + 2x_2 + 3x - 4x_1x_2 + 5x_1x_3$ ausgegangen, ist ersichtlich, dass die Terme $x_1 + 2x_2 + 3x + 5x_1x_3$ maximiert werden müssen, der Term $4x_1x_2$ jedoch gleichzeitig minimiert werden muss, um für das Modell insgesamt einen maximalen Wert zu erhalten. Eine Minimierung des Terms $4x_1x_2$ ist gleich bedeutend mit der Maximierung des Terms $-4x_1x_2$, was mit dem Simplex-Ansatz durchgeführt werden kann, jedoch in der Koeffizientenmatrix in Gl. 4.50 entsprechend berücksichtigt werden muss. Dabei soll die Maximierung der Modellfunktion unter Berücksichtigung der Randbedingungen $0 < x_1 \leq 3$, $0 < x_2 \leq 4$ $0 < x_3 \leq 5$ sowie $0 < x_{12} \leq 10$, $0 < x_{13} \leq 20$ erfolgen:

$$
\begin{array}{c}
(x_{1,2}) \\
(x_1) \\
(x_2) \\
(x_3) \\
(x_{1,3})
\end{array}
\begin{vmatrix}
-1 & -1 & 0 \\
1 & 0 & 0 \\
0 & 1 & 0 \\
0 & 0 & 1 \\
1 & 0 & 1
\end{vmatrix}
\times
\begin{vmatrix}
x_1' \\
x_2' \\
x_3'
\end{vmatrix}
=
\begin{vmatrix}
1 \\
0{,}47712 \\
0{,}60206 \\
0{,}69897 \\
1{,}30103
\end{vmatrix}
\tag{4.50}
$$

Nach Anwendung des Gaußschen-Algorithmus auf das Gleichungssystem in Gl. 4.50 ergibt sich das gestaffelte System in Gl. 4.51:

$$
\begin{vmatrix}
-1 & -1 & 0 \\
1 & 0 & 0 \\
0 & 1 & 0 \\
0 & 0 & 1 \\
1 & 0 & 1
\end{vmatrix}
\times
\begin{vmatrix}
x_1' \\
x_2' \\
x_3'
\end{vmatrix}
=
\begin{vmatrix}
1 \\
0{,}47712 \\
0{,}60206 \\
0{,}69897 \\
1{,}30103
\end{vmatrix}
\tag{4.51}
$$

Eine Lösung von Gl. 4.51, welche gleichzeitig die geforderten Randbedingungen erfüllt, lautet $x_1 = 3$, $x_2 = 0{,}0333$ und $x_3 = 5$, woraus sich die Werte der Wechselwirkungen zu $x_{1,2} = 0{,}1$ und $x_{1,3} = 15$ und der Funktionswert $y = 93{,}467$ ergeben. Die so gefundene Lösung wird im Abschnitt 4.4.2 noch einmal mit Hilfe des Gradientenverfahrens überprüft.

4.4.2   Das Gradientenverfahren für beliebige Modelle

Das Gradientenverfahren ist ein klassisches iteratives Verfahren der numerischen Mathematik für die Lösung allgemeiner Optimierungsprobleme wie in Gl. 4.36 angegeben. Dieses Verfahren wird sehr anschaulich auch als „Verfahren des steilsten Anstieges" oder „Bergsteigerverfahren" bezeichnet. Generell findet das Gradientenverfahren jedoch nur lokale Extrema. Damit eine geeignete Lösung gefunden werden kann, ist es erforderlich, dass bereits ein hinreichend guter Startpunkt $X_0 = [x_{0,1}, x_{0,2}, \ldots x_{0,n}]^T$ für dieses Verfahren gewählt wurde. Aus diesem Grund ist es sinnvoll, das Verfahren mehrfach mit jeweils unterschiedlichen Startwerten durchzuführen. Gibt es keine anderen Anhaltspunkte, können die Startwerte z. B. durch die Ermittlung von Zufallszahlen in dem durch Randbedingungen eingegrenzten Wertebereich ausgewählt werden. Wie es schon der Name des Verfahrens sagt, wird für jeden $i$ten Iterationsschritt der Gradient ∇ (Anstieg) der zu optimierenden Funktion an der Stelle X_i benötigt. Soll das Gradientenverfahren für die Optimierung beliebiger Funktionen genutzt werden, muss der Wert des Anstieges der Funktion an der Stelle X_i aus dem Differenzenquotienten in einer Umgebung ϵ bestimmt werden wie es Gl. 4.52 zeigt, was jedoch in Abhängigkeit der

Wahl von ϵ zu einer zusätzlichen numerischen Ungenauigkeit führen kann.

$$\nabla f(X_i) = \begin{bmatrix} \frac{\partial}{\partial x_{i,1}} f(X_i) \\ \frac{\partial}{\partial x_{i,2}} f(X_i) \\ \vdots \\ \frac{\partial}{\partial x_{i,n}} f(X_i) \end{bmatrix}$$

$$\approx \frac{1}{\epsilon} \begin{bmatrix} f(x_{i,1}, x_{i,2}, \ldots x_{i,n}) - f(x_{i,1} + \epsilon, x_{i,2}, \ldots x_{i,n}) \\ f(x_{i,1}, x_{i,2}, \ldots x_{i,n}) - f(x_{i,1}, x_{i,2} + \epsilon, \ldots x_{i,n}) \\ \vdots \\ f(x_{i,1}, x_{i,2}, \ldots x_{i,n}) - f(x_{i,1}, x_{i,2}, \ldots x_{i,n} + \epsilon) \end{bmatrix}$$

(4.52)

Ein mögliches Abbruchkriterium des Gradientenverfahrens ist erfüllt, wenn der Betrag des Gradienten in Gl. 4.52 sehr gering wird und innerhalb einer vorher festgelegten Abbruchschranke liegt. In diesem Fall wurde ein lokales Extremum innerhalb des von Randbedingungen eingegrenzten Wertebereiches gefunden und X_i wird als lokale Lösung des Optimierungsproblems ausgegeben. Anderenfalls wird ein neuer Näherungswert X_{i+1} für die Lösung des Optimierungsproblems aus folgender Beziehung berechnet.

$$X_{i+1} = X_i + \alpha_i e_n \nabla f(X_i)$$

(4.53)

Dabei wird im klassischen Gradientenverfahren zur Maximierung einer Funktion nur der Wert jener Koordinate x_n entsprechend der Schrittweite α_i ($0 \leq \alpha_i \leq 1$) geändert, welche den größten positiven Gradienten hat. Die Auswahl dieser Koordinate erfolgt durch den Einheitsvektor $e_n = [\ldots, 0, 1, 0 \ldots]^T$ in Gl. 4.53, welcher an der $n$ten Stelle ein Element gleich „1" und Null für alle anderen Elemente hat und so die Koordinate x_n auswählt. Die Konvergenzgeschwindigkeit des Gradientenverfahrens hängt sehr von der Art ab, wie die Schrittweite α_i festgelegt wird. Im einfachsten Fall wird die Schrittweite konstant und sehr klein festgelegt ($\alpha_i = \alpha$). Es gibt jedoch mehrere Varianten im Gradientenverfahren eine dynamische Schrittweitenwahl α_i durchzuführen, welche aus dem Optimierungsproblem entsprechend der Beziehung in Gl.4.54 bestimmt wird:

$$max(\alpha_i) = \{f[X_i + \alpha_i e_n \nabla f(X_i)] - f(X_i)\}$$

(4.54)

Für die Konvergenz des Gradientenverfahrens ist die dynamische Auswahl einer Schrittweite α_i anstelle einer festen Schrittweite α im allgemeinen erforderlich. Durch die Einführung von unteren und oberen Randbedingungen für alle Koordinaten von $\underline{X} = [x_1, x_2, \ldots x_n]^T$ ist jedoch zu beachten, dass eine bestimmte optimale Schrittweite α_i evtl. nicht realisiert werden kann, da ansonsten die geforderten Randbedingungen für diese Koordinate verletzt würden. In diesem Fall wird die betreffende Schrittweite α_i für diesen Iterationsschritt verkürzt. Wenn keine Iteration mehr erfolgen kann, ohne dass eine Koordinate die Randbedingungen im folgenden Iterationsschritt entsprechend Gl. 4.53 verletzt, ist eine weitere Abbruchbedingung für das Gradientenverfahren unter Berücksichtigung des ausgewählten Startpunktes X_0 erfüllt und das Verfahren wird beendet.

In der Umgebung einer Lösung verlangsamt sich die Konvergenz des Gradientenverfahrens generell, da sich die Gradienten verkleinern und die Lösung auf einem „Zick-Zack"-Kurs angenähert wird. Insbesondere durch die Berücksichtigung von Randbedingungen, aber auch durch die wechselnde Auswahl von unterschiedlichen Koordinaten je Iterationsschritt oder eine nicht hinreichend genaue Wahl der Schrittweite α_n kann es dazu kommen, dass es keine Konvergenz des Verfahrens gibt. Daher ist für das Gradientenverfahren eine maximale Iterationszahl vorzusehen, welche ein weiteres Abbruchkriterium darstellt, sollte die Anzahl der Iterationsschritte diesen Wert erreichen.

In den folgenden Beispielen wird das Optimum der beiden linearen statistischen Modelle mit einfachen Wechselwirkungen $y = x_1 + 2x_2 + 3x + 4x_1x_2 + 5x_1x_3$ und $y = x_1 + 2x_2 + 3x - 4x_1x_2 + 5x_1x_3$ durch das Gradientenverfahren und unter Berücksichtigung von Randbedingungen bestimmt. Dazu werden unterschiedliche Startwerte gewählt und die ermittelte Lösung des Gradientenverfahrens mit der Lösung des bereits im Abschnitt 4.4.1 vorgestellten Simplex-Ansatzes verglichen. Das nachfolgende Beispiel des Gradientenverfahrens verwendet eine konstante Schrittweite, welche jedoch angepasst wird, wenn es die gegebenen Randbedingungen erfordern. Wie es bereits betont wurde, erfordern die meisten Aufgabenstellungen kleinere Schrittweiten als es in dem nachfolgenden Rechenschema für die Schritte i angegeben werden kann.

i	α	e_n	x_1	x_2	x_3	x_{12}	x_{13}	$f(X)$	$\frac{\partial f(X)}{\partial x_1}$	$\frac{\partial f(X)}{\partial x_2}$	$\frac{\partial f(X)}{\partial x_3}$
Randbedingung:			[0;3]	[0;4]	[0;5]	[0;15]	[0;20]	$y = x_1 + 2x_2 + 3x_3 + 4x_1x_2 + 5x_1x_3$			
Startwert:			1,000	1,000	1,000	1,000	1,000	15,000	5,000	6,000	8,000
1	0,20000	$[0,0,1]^T$	1,000	1,000	2,600	1,000	2,600	27,800	5,000	6,000	8,000
2	0,20000	$[0,0,1]^T$	1,000	1,000	4,200	1,000	4,200	40,600	5,000	6,000	8,000
3	0,10000	$[0,0,1]^T$	1,000	1,000	5,000	1,000	5,000	47,000	5,000	6,000	8,000
4	0,20000	$[0,1,0]^T$	1,000	2,200	5,000	2,200	5,000	54,200	9,800	6,000	8,000
5	0,20000	$[1,0,0]^T$	2,960	2,200	5,000	6,512	14,800	122,408	9,800	13,840	17,800
6	0,13005	$[0,1,0]^T$	2,960	4,000	5,000	11,840	14,800	147,319	17,000	13,840	17,800
7	0,00235	$[1,0,0]^T$	3,000	4,000	5,000	11,999	15,000	148,996	17,000	14,000	18,000
Simplex-Ansatz:			3	4	5	5	15	149			
Randbedingung:			[0;3]	[0;4]	[0;5]	[0;10]	[0;20]	$y = x_1 + 2x_2 + 3x - 4x_1x_2 + 5x_1x_3$			
Startwert:			1,000	1,000	1,000	1,000	1,000	7,000	-3,000	-2,000	8,000
1	0,50000	$[0,0,1]^T$	1,000	1,000	5,000	1,000	5,000	39,000	-3,000	-2,000	8,000
2	0,50000	$[0,1,0]^T$	1,000	0,000	5,000	0,000	5,000	41,000	1,000	-2,000	8,000
3	0,50000	$[1,0,0]^T$	1,500	0,000	5,000	0,000	7,500	54,000	1,000	-4,000	10,500
4	0,50000	$[0,1,0]^T$	2,000	0,000	5,000	0,000	10,000	67,000	1,000	-6,000	13,000
5	0,50000	$[0,1,0]^T$	2,500	0,000	5,000	0,000	12,500	80,000	1,000	-8,000	15,500
6	0,50000	$[0,1,0]^T$	3,000	0,000	5,000	0,000	15,000	93,000	1,000	-10,000	18,000
Startwert:			3,000	3,000	3,000	9,000	9,000	27,000	-11,000	-10,000	18,000
1	0,11111	$[0,0,1]^T$	3,000	3,000	5,000	9,000	15,000	63,000	-11,000	-10,000	18,000
2	0,30000	$[0,1,0]^T$	3,000	0,000	5,000	0,000	15,000	93,000	1,000	-10,000	18,000
Simplex-Ansatz:			3	0,033	5	0,1	15	93,467			

5 Anhang

5.1 Tabellen, ausgewählte Werte

5.1.1 χ^2-Verteilung

f	Signifikanzniveau $1 - \alpha$					
	0,900	0,950	0,975	0,990	0,995	0,999
1	2,706	3,841	5,024	6,635	7,879	10,828
2	4,605	5,991	7,378	9,210	10,597	13,816
3	6,251	7,815	9,348	11,345	12,838	16,266
4	7,779	9,488	11,143	13,277	14,860	18,467
5	9,236	11,070	12,833	15,086	16,750	20,515
6	10,645	12,592	14,449	16,812	18,548	22,458
7	12,017	14,067	16,013	18,475	20,278	24,322
8	13,362	15,507	17,535	20,090	21,955	26,124
9	14,684	16,919	19,023	21,666	23,589	27,877
10	15,987	18,307	20,483	23,209	25,188	29,588
12	18,549	21,026	23,337	26,217	28,300	32,909
14	21,064	23,685	26,119	29,141	31,319	36,123
16	23,542	26,296	28,845	32,000	34,267	39,252
18	25,989	28,869	31,526	34,805	37,156	42,312
20	28,412	31,410	34,170	37,566	39,997	45,315
22	30,813	33,924	36,781	40,289	42,796	48,268
24	33,196	36,415	39,364	42,980	45,559	51,179
26	35,563	38,885	41,923	45,642	48,290	54,052
28	37,916	41,337	44,461	48,278	50,993	56,892
30	40,256	43,773	46,979	50,892	53,672	59,703
40	51,805	55,758	59,342	63,691	66,766	73,402
50	63,167	67,505	71,420	76,154	79,490	86,661
60	74,397	79,082	83,298	88,379	91,952	99,607
70	85,527	90,531	95,023	100,425	104,215	112,317
80	96,578	101,879	106,629	112,329	116,321	124,839
90	107,565	113,145	118,136	124,116	128,299	137,208
100	118,498	124,342	129,561	135,807	140,169	149,449

5.1.2   Studentverteilung für den ein- und zweiseitigen t-Test

f	Irrtumswahrscheinlichkeit α [%]							
	25	12,5	10	5	2,5	1	0,5	0,1
	Quantile zweiseitiger Vertrauensbereich $(1 - 2\alpha)$							
	0,5	0,75	0,8	0,9	0,95	0,98	0,99	0,998
	Quantile einseitiger Vertrauensbereich $(1 - \alpha)$							
	0,75	0,875	0,9	0,95	0,975	0,99	0,995	0,999
1	1,000	2,414	3,08	6,31	12,71	31,82	63,66	318,3
2	0,816	1,604	1,886	2,920	4,303	6,965	9,925	22,33
3	0,765	1,423	1,638	2,353	3,182	4,541	5,841	10,21
4	0,741	1,344	1,533	2,132	2,776	3,747	4,604	7,173
5	0,727	1,301	1,476	2,015	2,571	3,365	4,032	5,893
6	0,718	1,273	1,440	1,943	2,447	3,143	3,707	5,208
7	0,711	1,254	1,415	1,895	2,365	2,998	3,499	4,785
8	0,706	1,240	1,397	1,860	2,306	2,896	3,355	4,501
9	0,703	1,230	1,383	1,833	2,262	2,821	3,250	4,297
10	0,700	1,221	1,372	1,812	2,228	2,764	3,169	4,144
12	0,695	1,209	1,356	1,782	2,179	2,681	3,055	3,930
14	0,692	1,200	1,345	1,761	2,145	2,624	2,977	3,787
16	0,690	1,194	1,337	1,746	2,120	2,583	2,921	3,686
18	0,688	1,189	1,330	1,734	2,101	2,552	2,878	3,610
20	0,687	1,185	1,325	1,725	2,086	2,528	2,845	3,552
22	0,686	1,182	1,321	1,717	2,074	2,508	2,819	3,505
24	0,685	1,179	1,318	1,711	2,064	2,492	2,797	3,467
26	0,684	1,177	1,315	1,706	2,056	2,479	2,779	3,435
28	0,683	1,175	1,313	1,701	2,048	2,467	2,763	3,408
30	0,683	1,173	1,310	1,697	2,042	2,457	2,750	3,385
40	0,681	1,167	1,303	1,684	2,021	2,423	2,704	3,307
50	0,679	1,164	1,299	1,676	2,009	2,403	2,678	3,261
60	0,679	1,162	1,296	1,671	2,000	2,390	2,660	3,232
70	0,678	1,160	1,294	1,667	1,994	2,381	2,648	3,211
80	0,678	1,159	1,292	1,664	1,990	2,374	2,639	3,195
90	0,677	1,158	1,291	1,662	1,987	2,368	2,632	3,183
100	0,677	1,157	1,290	1,660	1,984	2,364	2,626	3,174

5.1.3 Obere F-Verteilung $F_{\alpha=0,05,M,K}$

M	K = 1	2	3	4	5	6	7	8	10
1	161,4	18,51	10,13	7,709	6,608	5,987	5,591	5,318	4,965
2	199,5	19	9,552	6,944	5,786	5,143	4,737	4,459	4,103
3	215,7	19,16	9,277	6,591	5,409	4,757	4,347	4,066	3,708
4	224,6	19,25	9,117	6,388	5,192	4,534	4,12	3,838	3,478
5	230,2	19,30	9,013	6,256	5,05	4,387	3,972	3,687	3,326
6	234	19,33	8,941	6,163	4,95	4,284	3,866	3,581	3,217
7	236,8	19,35	8,887	6,094	4,876	4,207	3,787	3,5	3,135
8	238,9	19,37	8,845	6,041	4,818	4,147	3,726	3,438	3,072
9	240,5	19,38	8,812	5,999	4,772	4,099	3,677	3,388	3,02
10	241,9	19,40	8,786	5,964	4,735	4,06	3,637	3,347	2,978
12	243,9	19,41	8,745	5,912	4,678	4	3,575	3,284	2,913
14	245,4	19,42	8,715	5,873	4,636	3,956	3,529	3,237	2,865
16	246,5	19,43	8,692	5,844	4,604	3,922	3,494	3,202	2,828
18	247,3	19,44	8,675	5,821	4,579	3,896	3,467	3,173	2,798
20	248,0	19,45	8,66	5,803	4,558	3,874	3,445	3,15	2,774

M	K = 11	12	13	14	15	16	17	18	20
1	4,844	4,747	4,667	4,6	4,543	4,494	4,451	4,414	4,351
2	3,982	3,885	3,806	3,739	3,682	3,634	3,592	3,555	3,493
3	3,587	3,49	3,411	3,344	3,287	3,239	3,197	3,16	3,098
4	3,357	3,259	3,179	3,112	3,056	3,007	2,965	2,928	2,866
5	3,204	3,106	3,025	2,958	2,901	2,852	2,81	2,773	2,711
6	3,095	2,996	2,915	2,848	2,79	2,741	2,699	2,661	2,599
7	3,012	2,913	2,832	2,764	2,707	2,657	2,614	2,577	2,514
8	2,948	2,849	2,767	2,699	2,641	2,591	2,548	2,51	2,447
9	2,896	2,796	2,714	2,646	2,588	2,538	2,494	2,456	2,393
10	2,854	2,753	2,671	2,602	2,544	2,494	2,45	2,412	2,348
12	2,788	2,687	2,604	2,534	2,475	2,425	2,381	2,342	2,278
14	2,739	2,637	2,554	2,484	2,424	2,373	2,329	2,29	2,225
16	2,701	2,599	2,515	2,445	2,385	2,333	2,289	2,25	2,184
18	2,671	2,568	2,484	2,413	2,353	2,302	2,257	2,217	2,151
20	2,646	2,544	2,459	2,388	2,328	2,276	2,23	2,191	2,124

5.2 Software d a t l i b , Makros und Beispiele

Das Computerprogramm d a t l i b ist ein Kommandozeilen orientiertes Computerprogramm mit grafischer Ausgabe für Windows® Betriebssysteme und i386 kompatiblem
Prozessor, welches sowohl für die direkte Eingabe von Befehlen, als auch für die Abarbeitung von Makros bzw. die Steuerung durch „Pipes" aus anderen Benutzerumge-
bungen ausgelegt ist. Nachfolgend wird eine kurze allgemeine Einführung in die Software und in ausgewählte Softwarefunktionen gegeben. Die Darstellungen der folgenden
d a t l i b -Makros sollen das Zusammenspiel einzelner Funktionen bei der Datenbear-

beitung verdeutlichen. Zusätzliche Softwarefunktionen sowie Änderungen oder Erwei-terungen der hier vorgestellten Kommandos bleiben vorbehalten, insbesondere wenn diese der Weiterentwicklung der Software dienen. Es ist ebenfalls eine Version der Soft-ware für Linux® verfügbar, welche derzeit mit Ausnahme der grafischen Funktionalität über die gleichen Eigenschaften wie die Windows®-Version verfügt. Die Implementie-rung der grafischen Ausgabe für X-Terminals (Linux) ist in Vorbereitung. Beachten Sie daher bitte das Handbuch der Vollversion bzw. die Update-Informationen im Internet unter http://www.buero-frank.de.

5.2.1   Installation und Programmeinführung

Die Installation der d a t l i b Software ist denkbar einfach, da die Datei „datlib.exe" nur in ein entsprechendes Verzeichnis auf dem jeweiligen Computer kopiert zu werden braucht. Für die Abarbeitung von Kommandofolgen in Makro-Dateien ist es sinnvoll, wenn die Dateiendungen „.mak" oder „.mac" mit dem Speicherort der Datei „datlib.exe" im Betriebssystem assoziiert werden. Ein Doppelklick auf eine Datei mit einer dieser Endungen bewirkt danach den automatischen Aufruf des Programms d a t l i b und startet die Abarbeitung der in der Makro-Datei enthaltenen Befehle. Dieses Vorgehen ist besonders zu empfehlen, denn typischerweise sind die Programmdatei „datlib.exe" und die jeweiligen Makrodateien nicht im gleichen Ordner gespeichert, da letztere vorteilhaft gemeinsam mit den Daten gespeichert werden.

Nach dem Start des Programms wird ein Eingabefenster sichtbar. Die 1. Zeile der Aus-gabe in diesem Fenster zeigt das ausgeführte Kommando zum Programmstart und die Programmversion an. Am Ende der Ausgabe wird die Eingabe des ersten Kommandos erwartet:

Das Programm d a t l i b ist konzipiert, um möglichst schnell und einfach einen Überblick über eine Vielzahl von Messwerten zu erhalten, diese zu bearbeiten und danach in entsprechende andere Dateiformate exportieren zu können. Für die Bearbeitung speichert d a t l i b Datensätze intern als Arrays und stellt eine Sammlung von Funktionen zur Verfügung, welche nacheinander auf einzelne oder Gruppen dieser Arrays angewandt werden können. Eine schnelle Übersicht über alle implementierten Kommandos erhält man durch die Eingabe des Kommandos `help`. Wird ein Kommando ohne weitere Argumente eingegeben oder können die angegebenen Argumente zu einem Kommando nicht verarbeitet werden, erfolgt eine kurze Ausgabe zur Funktion des Kommandos und zu den verfügbaren Argumenten. Ist ein Argument zu einem Kommando in eckigen Klammern („[" „]") angegeben, so ist dieses als optional anzusehen. Generell müssen alle Kommandos und Argumente durch mindestens ein Leerzeichen voneinander getrennt sein. Kommandonamen brauchen nur so weit eingegeben werden, bis der eingegebene Name eindeutig von anderen Kommandos abgegrenzt werden kann. Bspw. ist es möglich, anstelle des Kommandos `help` an der Eingabeaufforderung nur `he` einzugeben. Für die Verwendung in Makros werden allerdings die vollständigen Kommandonamen empfohlen, da nach längerer Zeit neu hinzukommende Kommandos die eindeutige Erkennung der abgekürzten Kommandos in einem Makro verhindern könnten. Unter Makro-Datei für das Programm d a t l i b wird eine ASCII-Datei verstanden, die bspw. mit dem Editor „notepad" erstellt wird und welche genau die gleichen Eingaben enthält, wie diese auch an der Eingabeaufforderung des Programms erfolgen. Ein Makroaufruf aus einem laufenden Makro beendet dieses und startet die Abarbeitung des neuen Makros ohne zum vorangegangenen Makro zurückzukehren. Es sind also keine rekursiven Makroaufrufe vorgesehen, jedoch kann ein Makro iterativ beliebig oft erneut aufgerufen werden.

5.2.1.1   Allgemeine Softwarefunktionen

Allgemeine Softwarefunktionen steuern die Kommandoabarbeitung von d a t l i b und werden häufig in Makros eingesetzt. Die folgenden Kommandos stehen zur Verfügung:

Kommando: #

Nach diesem Zeichen steht ein Kommentar.

```
Beispiel:
# Makro ABC 1999
```

Kommando: !

Es wird ein Befehl an das Betriebssystem übergeben.

```
Beispiel:
# Aufruf des Windows® Editors „notepad",
# welcher die Datei „a.txt-anzeigt
! notepad a.txt
```

Kommando: >

Argument: datei.txt

Das Zeichen „>" steht am Ende einer Kommandoeingabe und bewirkt die Umleitung der durch das Kommando erzeugten Ausgabe in eine Textdatei „datei.txt". Sehr umfangreiche Ausgaben, wie zum Beispiel das Auflisten aller in einem Array enthaltenen Zahlenwerte, können somit gesichert und evtl. später erneut eingelesen oder zum Extrahieren von Daten genutzt werden. Sollte die Ausgabedatei „datei.txt" bereits vorhanden sein, werden die hinzukommenden Daten an die vorhandene Datei angehangen. Dadurch ist es möglich, eine Protokolldatei aller Ausgaben zu erstellen. Für das Exportieren von Zahlenwerten eines Arrays in andere Dateiformate ist diese Funktion nicht vorgesehen.

```
Beispiel:
# löscht eine evtl. vorhandene Protokolldatei
! del out.txt
# speichert die Software Version in „out.txt-
about > out.txt
# speichert die Liste aller Arrays hinzu
list > out.txt
```

Kommando: echo

Argumente: string1 [string2] [string] [/W[:n] [/S]]

Durch dieses Kommando kann eine Textausgabe erfolgen und oder die Abarbeitung für n Sekunden unterbrochen werden, wenn das Argument /W verwendet wird. Wird kein Wert für n übergeben, wartet dieses Kommando bis die Eingabetaste (return) betätigt wurde. Durch das Argument /S kann eine Aufforderung dazu angezeigt werden.

Kommando: env

Argumente: string1 [string2]

Durch die Eingabe dieses Kommandos ohne Argumente wird eine Liste der bereits definierten Umgebungsvariablen angezeigt. Wird für „string1" der Name einer vorhandenen Umgebungsvariablen benutzt, erfolgt die Löschung derselben, wenn das Argument „string2" keinen Wert enthält. Anderenfalls wird diese Umgebungsvariable mit dem Wert „string2" angelegt bzw. belegt. Der Zugriff auf Umgebungsvariablen erfolgt mit Hilfe des Zeichens „$", wie es in den nachfolgenden Makros gezeigt wird.

```
Beispiel:
# definiere Eingabedatei
env IN daten.txt
# zeige Umgebungsvariablen an
env
```

```
# Ändere Eingabedatei
env IN „daten neu.txt"
env
```

Kommando: help

Es wird die Liste aller verfügbaren Kommandos angezeigt.

Kommando: load

Argumente: commandfile [/WOE[:n]] [/max:k]

Mit dieser Funktion wird eine Makro-Abarbeitung gestartet. Der Name des Makros wird als „commandfile" oder „?" übergeben. Durch „?" wird eine Dialogbox geöffnet, aus welcher die Makrodatei ausgewählt werden kann. Durch das Argument „/WOE" (wait on error) wird die Abarbeitung des Makros im Falle eines Fehlers ganz oder für „n" Sekunden unterbrochen. Mit dem Argument „/max:k" wird festgelegt, dass dieses Makro genau k mal hintereinander ausgeführt wird.

Kommando: quit

Das Programm d a t l i b wird beendet und der Programmspeicher wird freigegeben.

5.2.1.2   Datenverwaltung

Die folgenden Funktionen stehen zur Verfügung, um Daten aus Dateien einzulesen bzw. zu extrahieren, in Textdateien abzuspeichern oder zu exportieren, im Programmspeicher zu löschen oder zu kopieren. Die softwareinterne Verwaltung von eingelesenen Daten erfolgt in zweidimensionalen Daten-Arrays. Wann immer Dateien oder im Programmspeicher abgelegte Arrays in Kommandos der Software d a t l i b angesprochen werden sollen, kann als Platzhalter das Zeichen „*" verwendet werden. Dadurch ist es möglich, ein Kommando auf mehrere Datensätze anzuwenden. Alle im Programmspeicher vorhandenen Arrays erhalten eine fortlaufende Nummer, welche bei jedem Löschen von einzelnen Arrays aktualisiert wird und jederzeit aufgelistet werden kann. In Kommandos können daher Arrays entweder mit dem Namen oder mit der laufenden Nummer des Arrays angesprochen werden, wodurch sich insbesondere die Arbeit mit längeren Array-Namen vereinfacht. Grafische Ausgaben von Daten referenzieren grundsätzlich die jeweiligen Array-Nummern, um ein Überladen der Ausgabe mit sehr langen Namen der Übersichtlichkeit wegen zu vermeiden.

Kommando: copy

Argumente: source destination [/x:xmin-[xmax]] [/C[:n]] [/A]

Das Array „source" wird in ein Array „destination" kopiert oder an dieses Array zeilenweise angehangen, wenn das Argument /A zusätzlich angegeben wurde. Durch die gleichzeitige Angabe der Argumente /A und /C erfolgt das Anhängen der Daten an

das Array „destination" spaltenweise. Alternativ kann aus der Spalte „n" mit Hilfe von
„xmin" und „xmax" ein Wertebereich für jene Zeilen ausgewählt werden, die in ein
neues Array zu kopieren sind.

```
Beispiel:
# kopiert Array mit Nr. 3 nach Array result
copy 3 result
```

Kommando: del

Argumente: array [/C:n[-m]] [/R:k[-l]]

Durch dieses Kommando werden Arrays ganz oder nur die mit dem Argument /C
ausgewählten Spalten bzw. durch /R ausgewählten Zeilen gelöscht. Ist die maximale
Anzahl von Spalten bzw. Zeilen der ausgewählten Arrays nicht bekannt, reicht die
Angabe der ersten zu löschenden Spalte bzw. Zeile mit dem nachfolgenden Zeichen „-".

```
Beispiel:
# Löscht alle Spalten ab Spalte 3 von Array Nr. 7
del 7 /C:3-
# Löscht alle Arrays, die mit „dat-enden
del *dat
```

Kommando: extract

Argumente: filename startlabel endlabel [/L[:textlabel or number] [/S] [/A] [/D] [/U]
[/NewFile] [/V] [/B] [/R]

Dieses Kommando dient dazu, Zeichen aus beliebig strukturierten Textdateien zu extrahieren, welche zwischen einer Zeichensequenz „startlabel" und „endlabel" gefunden
werden. Die so extrahierten Zeichen werden dann mit Hilfe des Argumentes /Newfile in
neue Dateien für die Weiterverarbeitung abgespeichert, ansonsten in eine gemeinsame
Datei geschrieben. Dabei wird die Dateiendung „.ext" verwendet. Folgende Argumente
seien hier erwähnt:

/A   Wenn die Ausgabedateien bereits vorhanden sind, werden die neu hinzu-
            kommenden Zeichen angehangen

/D   Es werden nur Zeichen extrahiert, welche außerhalb der mit „startlabel" und
            „endlabel" gekennzeichneten Bereiche stehen.

/L   Jeder extrahierte Zeichenblock kann durch einen Label-Text abgegrenzt wer-
            den. Ist kein Text angegeben, wird eine fortlaufende Nummer oder durch
            das Argument /R eine Zufallszahl verwendet.

```
Beispiel:
# extrahiere alle Zeichen zwischen „<begin>"-und „<end>"
# aus der Datei out.txt
extract out.txt <begin> <end>
```

Kommando: list

Argumente: [array [/P:precision]] [/W[:n]] [/L] [/i]

Dieses Kommando ohne Argumente bewirkt das Anzeigen aller im Programmspeicher vorhandenen Arrays mit der jeweiligen laufenden Nummer und dem eindeutig zugeordneten Namen. Wird zusätzlich das Argument /i angegeben, wird der Speicherplatzbedarf je Array mit angezeigt. Durch die Angabe „array" können die Elemente des oder der Arrays hintereinander angezeigt werden. Dabei kann die Anzahl der ausgegebenen Stellen durch das Argument „precision" gesteuert werden. Das Argument /L bewirkt die Ausgabe aller Arrays nebeneinander, was manchmal einen besseren Vergleich von Zahlenwerten ermöglicht. Durch das Argument /W wird die Ausgabe nach einer bestimmten Anzahl von Zeilen unterbrochen und es bedarf einer Bestätigung, bevor die weitere Ausgabe erfolgt. Mit „n" wird die Anzahl der Zeilen eines solchen Ausgabeblockes festgelegt.

Kommando: read

Argumente: datei symbol [/C:ncol] [/R:nrow] [/K] [/S:n,m,k..] [/Date:ncol] [/M:r [/H]]

Aus Dateien werden Zahlen in Arrays eingelesen. Dabei kann mit den Argumenten /C bzw. /R eine bestimmte Anzahl von Spalten oder Zeilen für das Array vorgegeben werden. Ist diese Zuordnung nicht möglich, werden alle Werte einer Datei in ein Array mit einer Spalte eingelesen. Sind in den Dateien Zahlenwerte mit Kommas als Dezimalpunkt angegeben, muss dies durch das Argument /K angezeigt werden.

```
Beispiel:
# Liest alle Dateien mit der Endung „txt-
# in Arrays mit gleichem Namen ein.
# Die Dateien enthalten Kommas als
# Dezimaltrenner
read *.txt * /K
```

Kommando: set

Argumente: array1 [array2 [...]] [/C:ncol] [/R:nrow] [/Q]

Dieses Kommando ändert die Zeilen oder Spalten von Arrays entsprechend der Vorgabe „ncol" oder „nrow". Das Produkt der Zeilen und Spalten je Array bleibt dabei unverändert. Vorsicht: durch die Angabe des Argumentes /Q kann die Vorgabe von „ncol" oder „nrow" erzwungen werden. In diesem Fall ist darauf zu achten, dass das Produkt der Zeilen und Spalten je Array nur verringert wird, da dieses Kommando nicht den Speicherplatzbedarf je Array beeinflusst, wie mit Hilfe des Kommandos „list /i" leicht nachzuprüfen ist.

Kommando: sort

Argumente: arraymask [/-] [/A [/C:nCol]]

Die laufende Numerierung der Arrays im Programmspeicher wird in Abhängigkeit des Array-Namens so geändert, dass eingelesene Dateien mit den Endungen 001, 010, 002, 020, 003, 030 in der Reihenfolge 001, 002, 003.. erscheinen. Dies ist z. B. für eine spätere grafische Ausgabe sinnvoll.

Kommando: trans

Argumente: array [/G:n | /UG:n [/Y:y]]

Bei allen Arrays „array" werden die Elemente der Zeilen und Spalten vertauscht (transponiert), wenn keine weiteren Argumente angegeben werden. Durch die Angabe des Argumentes /G werden die Werte innerhalb der Arrays so umsortiert, dass die Werte der Spalte n oder der ersten Spalte als Spaltenindex für die Werte der Spalte „y" dienen. Hat das Argument /Y: keinen Spaltenindex „y", entspricht „y" der letzten Spalte des Arrays. Mit dem Argument /UG kann diese Umsortierung rückgängig gemacht werden.

```
Beispiel:
# Vertauschen der Zeilen und Spalten
trans data
```

Kommando: write

Argumente: filename array [/T:title] [/P:precision] [/A] [/Q] [/F:[?]] [/K]

Der Inhalt von Arrays wird in Dateien exportiert. Sind diese Dateien bereits vorhanden, werden diese überschrieben oder Daten angehangen, wenn das Argument /A verwendet wird. Jedes Array erhält in einer Datei den Arraynamen als Kopfzeile, welche durch das Argument /T mit einen beliebigen anderen Titel ersetzt werden kann. Das Argument /Q unterdrückt diese Kopfzeile jedoch vollständig. Werden die Zahlenwerte eines Arrays in eine Datei geschrieben, kann die Anzahl der ausgegebenen Stellen durch das Argument /P geändert werden. Mit dem Argument /K werden Kommas als Dezimaltrennzeichen verwendet. Das Argument /F ermöglicht unterschiedliche Ausgabeformate:

/F:?   Anzeige aller verfügbaren Ausgabeformate

/F:Dn   In diesem Format werden Symbole in Abhängigkeit der Werte in den Arrays angegeben, um die Besetzungsstruktur zu verdeutlichen. Verschiedene Modi

können durch die Angabe einer Zahl für „n" ausgewählt werden:
n=1, 11: „*", wenn Wert > 0
n=2, 12: „-", „o" oder „+" für Wert <, = oder > 0
n=9, 19: „*", „o" für Betrag des Wertes > oder = 0
Für n>9 erfolgt die Ausgabe einschließlich eines Zeilen- und Spaltenindexes.

/F:LA   LaTex® array Format

/F:LT   LaTex® tabular Format

/F:M   Mathematica® Format

/F:S   „simple text" Werte werden durch Tabs getrennt mit einem CR (carriage return) -Zeichen am Zeilenende versehen

/F:C   Ausgabe erfolgt im „.csv" Format

```
Beispiel:
# Ausgabe aller Arrays „dat*-in einzelne Dateien
# mit der Endung .out und dem Textformat
# „simple", ohne Titelzeilen
write *.out dat * /F:S /Q
# Alle Arrays „fsim*" werden in eine gemeinsame
# Datei geschrieben
write results.txt fsim*
```

5.2.1.3   Grafische Ausgaben

Die grafische Darstellung von Zahlenwerten in d a t l i b hat das Ziel, einen Überblick über die in Arrays enthaltenen Zahlenwerte zu ermöglichen und Zahlenwerte innerhalb eines Arrays oder von verschiedenen Arrays miteinander grafisch vergleichen zu können. Die grafische Darstellung erfolgt mit dem Kommando **plot** im Sinne von xy-Diagrammen. Folgende Argumente stehen zur Verfügung:

Kommando: plot

Argumente: A[B[C..]]] [/N] [/R] [/B] [/T:string] [/o[:offset]] [/h] [/c]
[/p[?|l|[s|c|q[:size]]]

Es werden die Datenarrays A,B,C .. zur grafischen Ausgabe in Form von xy-Diagrammen verwendet. Dazu wird von einer spaltenweisen Anordnung der Wertepaare in den Arrays ausgegangen, wobei die x-Werte immer in der ersten Spalte stehen. Sind mehr als zwei Spalten in einem Array vorhanden, werden diese für weitere Grafen verwendet. Folgende Argumente stehen zur Verfügung:

/N   Wird das Kommando „plot" wiederholt aufgerufen, erfolgt die Ausgabe im-
              mer unter Verwendung des vorangegangenen Grafikfensters, sollte dies noch
              geöffnet sein. Durch das Argument /N, wird für diese und alle folgenden
              Ausgaben ein neues Grafikfenster geöffnet. Darstellungen in mehreren Gra-
              fikfenstern können so erhalten werden.

/R   Anstelle eines xy-Diagramms erfolgt die Darstellung in Polarkoordinaten,
              als sogenannter Radar-Plot.

/B   Die Werte der Arrays werden für die Darstellung von Boxplots verwendet.
              Dazu ist folgende Zuordnung der Werte in den Spalten erforderlich:
              1.: Anzahl der Werte
              2.: Mittelwert
              3.: Median
              4.: stdev
              5.: 5 % Zufallsstreubereich
              6.: Quartile 25 %
              7.: Quartile 75 %
              8.: 95 % Zufallsstreubereich

/T:M   Das Grafikfenster erhält den Text M als Titel. Dies ist sinnvoll, wenn meh-
              rere Fenster unterschieden werden sollen.

/o:offset   Jeder Graph wird um einen konstanten y-Wert (offset) verschoben, so dass
              dicht beieinander liegende Grafen separiert werden können. Durch die An-
              gabe von „offset" kann dieser Abstand eingestellt werden.

/h   In der Überlagerung mehrerer Grafen einer Ausgabe erfolgt nur die Darstel-
              lung von Werten oberhalb des vorangegangenen Grafen („hide lines"), um
              Überschneidungen der Linien an dem gleichen Punkt zu vermeiden.

/c   Bei jeder grafischen Darstellung wird jedem Array nur eine Farbe zuge-
              ordnet, auch wenn dieses Array Daten mehrerer Grafen (Spalten) enthält.
              Durch die Option /c wird jedem Grafen (jeder Spalte eines Arrays und
              jedem Array) eine individuelle Farbe zugeordnet.

/pl /ps /pc /pq:size Mit diesem Argument können Linien (/pl), Symbole (/ps), Kreise
              (/pc) oder Rechtecke (/pq) für die grafische Darstellung der Datenpunkte
              ausgewählt werden. Die Größe der Symbole kann durch die Angabe von
              „size" variiert werden.

Für die Nachbearbeitung der grafischen Ausgabe verfügt jedes Grafikfenster individuell über Optionen, um die Darstellung anzupassen, bevor diese abgespeichert oder ausgedruckt wird. Diese Optionen können über das erweiterte Windows®-Systemmenü des Grafikfensters erreicht werden, wie es hier zu sehen ist:

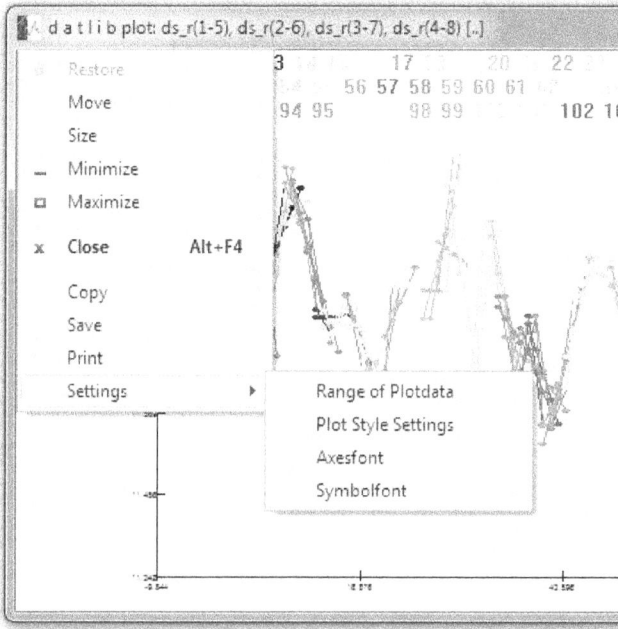

In diesem Menü dienen die Funktionen `Copy`, `Save` und `Print` dazu, die Grafik dieses Fensters für die Weiterverarbeitung in der Windows®-Zwischenablage oder in einer Datei abzuspeichern bzw. auf einem Drucker auszugeben. Der Menüpunkt `Settings` des erweiterten Systemmenüs verfügt über ein Untermenü, über welches der Wertebereich des ausgegebenen Diagrammes (`Range of Plotdata`), die grafische Gestaltung (`Plot Style Settings`) bzw. die an den Achsen verwendete Schriftart (`Axesfont`) und der evtl. zur Kennzeichnung von Datenpunkten verwendete Symbolfont (`Symbolfont`) verändert werden kann.

`Range of Plotdata`: Die Dialogbox des Untermenüs `Range of Plotdata` ist nachfolgend dargestellt und erlaubt neben der Änderung des Wertebereiches des Diagrammes auch die Änderung der Achseneinteilung und die Aktivierung eines Gitternetzes. Diese Einstellungen beziehen sich jedoch auf alle in einem Diagramm dargestellten Datenreihen gemeinsam und können nicht individuell vorgegeben werden.

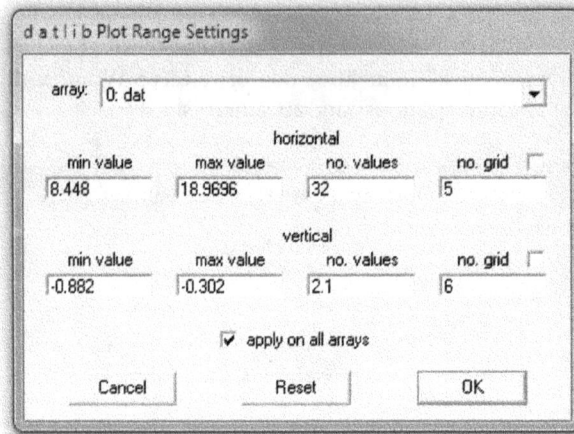

Die Änderung des Darstellungsbereiches für ein Diagramm kann auch durch die Auswahl eines Bereiches der Grafik bei gedrückter linker Maustaste erfolgen („zoom in"). Diese Auswahl wird durch Betätigung der rechten Maustaste wieder aufgehoben („zoom out"). Wurden nacheinander mehrere Darstellungsbereiche mit der Maus ausgewählt (mehrfaches „zoom in"), wird beim ersten Drücken der rechten Maustaste die letzte Auswahl aufgehoben und bei einem weiteren Betätigen der rechten Maustaste der gesamte Diagrammbereich wie beim ersten Aufruf des Grafikfensters wiederhergestellt. Diese Vorgehensweise hat sich insbesondere bei der grafischen Untersuchung von Messwerten bewährt.

Die Vorgaben des Diagrammbereiches über die Dialogbox des Untermenüs `Range of Plotdata` oder über die Auswahl bei gedrückter linker Maustaste sind gleichberechtigt. So kann auch ein mit der Maus ausgewählter Diagrammbereich über diese Dialogbox korrigiert werden, bevor die Abspeicherung oder Ausgabe der Grafik erfolgt.

`Plot Style Settings`: Bei der grafischen Darstellung von Werten im Programm d a t l i b können Datenpunkte neben den erwähnten zeichenorientierten Symbolen auch durch Grafiksymbole (Quadrat, Dreieck, Kreis, Balken) dargestellt werden und dabei gleichzeitig durch Linien verbunden sein. Die Auswahl und die Größe der Symbole für die Darstellung erfolgt für jeden Datensatz getrennt über die Dialogbox des Untermenüs `Plot Style Settings`, welche in der folgenden Grafik die Einstellung für das Array Nr. 0 mit dem Namen „dat" zeigt. Die Angabe von Farben erfolgt dabei immer als RGB-(Rot-Grün-Blau)-Wert, welcher für jede Farbkomponente die Werte zwischen 00 und FF (FF=255) annehmen kann. Beispiele für einzelne Farbwerte sind schwarz=000000, weiß=FFFFFF, rot=FF0000, grün=00FF00 oder blau=0000FF.

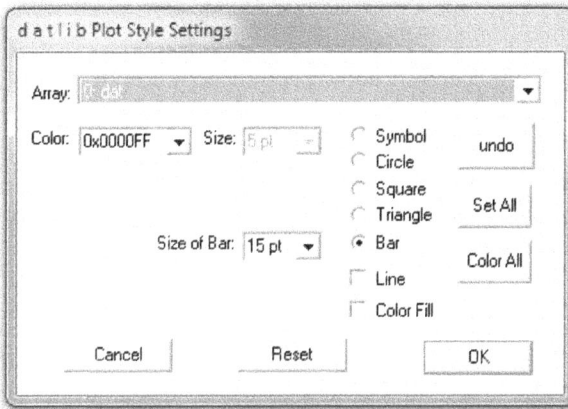

5.2.2 Ausgewählte Kommandos, Makros und Beispiele

Die nachfolgenden Makros werden aus dem Programm d a t l i b aufgerufen, indem der Befehl `load ?` an der Kommandozeile eingegeben wird. Dadurch erscheint eine Dialogbox, welche die Auswahl des betreffenden Makros ermöglicht. Alternativ kann auch nach dem Befehl `load` der Name der jeweiligen Makrodatei direkt eingegeben werden. Selbstverständlich kann auch die Eingabe der Befehle direkt an der Eingabeaufforderung erfolgen. In den nachfolgend aufgeführten Makros wird vorausgesetzt, dass sich die verwendete Datei mit den Ausgangsdaten im gleichen Verzeichnis befindet. Evtl. muss nach dem Programmstart mit Hilfe des Kommandos `cd` erst in das entsprechende Verzeichnis gewechselt werden. Die Namen der Verzeichnisse und Unterverzeichnisse und der Ort, an welchem das Programm d a t l i b abgespeichert wird, sind frei wählbar. Alle im Folgenden aufgeführten Makros enthalten zusätzliche Kommentare, welche mit dem Zeichen „#" eingeleitet werden und Umgebungsvariablen, deren Vorgabe durch das Kommando `env` erfolgt, wie es das Beispielmakro 5.1 zeigt. Dadurch wird ein besseres Verständnis des Makros und eine leichtere Anpassung an andere Datensätze ermöglicht. Z. B. bewirken die Anweisungen in den Zeilen 2 und 3 des Makros 5.1, dass die Dateinamen, welche als Umgebungsvariablen `DATA` bzw. `OUT` definiert wurden, in den darauf folgenden Anweisungen der Zeilen 5 und 7 zum Einlesen von Daten bzw. zum Betrachten der betreffenden Datei mit dem Windows®-Texteditor „notepad" verwendet werden können. Wenn der Windows® Editor geschlossen wurde, wird die Abarbeitung des Makros fortgesetzt und es bleiben alle Daten im Programmspeicher von d a t l i b verfügbar, auch nachdem die Abarbeitung des Makros 5.1 beendet ist. Danach können weitere Kommandos eingegeben oder andere Makros aufgerufen werden. Das Programm d a t l i b wird mit dem Kommando `quit` beendet, welches auch als letztes Kommando in einer Makrodatei verwendet werden kann und woraufhin alle Ausgabefenster geschlossen werden.

Für die folgenden Makros werden Datensätze verwendet, in welchen mehrere Merkmale von vielen Proben zeilenweise zusammengestellt wurden. Die Merkmalswerte der Proben sind spaltenweise organisiert. Dazu wurde in der ersten Zeile des Datensatzes jedes

---

Makro 5.1 Beispielmakro mit Umgebungsvariablen.

```
# Umgebungsvariablen setzen
env DATA PlotData.dat
env OUT  PlotDataOut.txt
# Daten einlesen
read $DATA$ dat
# Ansicht der Analysedaten mit Windows-Editor
! notepad $OUT$
```

Merkmal mit Buchstaben und einer Zahl gekennzeichnet:

Param1	Param2	Param3	...
0,2	3	1	...
3	3	1	...
...	...	...	

Da beim Einlesen des Datensatzes in das Programm d a t l i b nur Zahlen verarbeitet werden, ist darauf zu achten, dass jedes Merkmal genau eine Zahl in der Bezeichnung enthält. Damit Merkmalswerte beim Einlesen des Datensatzes dem jeweiligen Merkmal richtig zugeordnet werden können, muss jede Zeile gleich viele Werte enthalten. Es ist nicht möglich, fehlende Werte durch Platzhalter wie „n/a" oder „?" im Datensatz zu ersetzen.

5.2.2.1   Grafische Darstellungen

Box-Whisker-Plot

Die Darstellung von Daten als Box-Whisker-Plot setzt die Analyse der Häufigkeiten voraus. Da es bei dieser Betrachtung um einen Vergleich der Häufigkeiten zwischen den einzelnen Merkmalen gehen soll, werden die Merkmalswerte im Makro 5.2 mit dem Befehl **norm** und der Option /C zunächst spaltenweise normiert. Dabei wird durch die Option /NR:1 erreicht, dass die Zeile 1 des Datensatzes nicht in die Normierung eingeschlossen wird, da diese ja den jeweiligen Datenindex enthält. Die Häufigkeiten der Werte in den Spalten des Datensatzes **dat** werden mit dem Kommando **inf** ermittelt, wobei durch die Option /A: die Ergebnisse in Arrays abgespeichert werden, deren Namen mit **datB** beginnen. Die Bildschirmausgaben des Befehls **inf** werden für eine spätere Betrachtung in einer Textdatei abgespeichert, deren Namen durch die Umgebungsvariable **OUT** festgelegt wurde. Durch die Option /h (h.. head) des Befehls **inf** wird im Datensatz **dat** die erste Zeile bei der Analyse ausgelassen. Nach dieser Analyse wird der Datensatz **dat** für die grafische Ausgabe mit dem Befehl **trans** transformiert, da für die grafische Ausgabe der Index des Datensatzes als Werte der Ordinate in der ersten Spalte erwartet wird. Die Werte, welche nach der Häufigkeitsanalyse im Array **datB** abgespeichert wurden, entsprechen bereits dem Format für die Darstellung eines Box-Whisker-Plots von d a t l i b . Das Kommando **plot dat /B:datB /N** gibt schließlich an, dass die Werte des Arrays **dat** als Diagramm und das Array /B:datB für den

Makro 5.2 Datenanalyse für den Boxplot mehrerer Merkmale.

```
# (c) Frank Wirbeleit, 2013
# Makro zur Boxplot-Darstellung
#
# Umgebungsvariablen setzen
env DATA PlotData.dat
env OUT PlotDataOut.txt
# Entfernen evtl. vorangegangener Ausgaben
del *
! del $OUT$
# Daten einlesen
read $DATA$ dat
# Normierung auf 0..1 ohne 1. Zeile
norm dat /C /NR:1
# Analyse spaltenweise und Abspeichern ...
inf dat /A:datB /h > $OUT$
# Transformation der Ausgangsdaten
trans dat
# Darstellung der Ausgangsdaten und Boxplot
plot dat /B:datB /N
# Ansicht der Analysedaten mit Windows-Editor
! notepad $OUT$
```

Boxplot zur grafischen Ausgabe verwendet werden. Das Argument /N bewirkt, dass die grafische Ausgabe, welche ähnlich zur Darstellung in Abb. 2.11 ist, in einem weiteren Grafikfenster erfolgt. Schließlich können die Ergebnisse der Häufigkeitsanalyse, welche als Textdatei unter dem Namen der Umgebungsvariablen OUT abgespeichert wurden, im Windows® Editor betrachtet werden.

Parameterspuren

Von den normierten Merkmalswerten aller Proben im Datensatz DATA werden nun jene gesucht, deren Merkmalswerte in einer bestimmten Spalte (z. B. Spalte 15) in den Bereichen 0,15-0,25 oder 0,75-0,8 liegen. Die Lage aller Merkmalswerte dieser beiden Gruppen soll anschließend mit dem gesamten Datensatz grafisch verglichen werden. Dazu wird im Makro 5.3 nach dem Einlesen der Daten aus der durch die Umgebungsvariable DATA festgelegten Datei in Zeile 16 eine spaltenweise Normierung der Werte durchgeführt, ohne dabei die Werte der 1. Zeile zu berücksichtigen (/NR:1). In den darauf folgenden Zeilen 19-21 dieses Makros werden die Arrays für das Abspeichern der Werte der Datengruppen vorbereitet, indem nur die 1. Zeile des Ausgangsdatensatzes (Parameterzeile) im Array dat in die beiden Arrays dat(0,15-0,25) und dat(0,75-0,8) kopiert wird. Danach werden in den Zeilen 23 und 24 des Makros 5.3 die Zeilen des Arrays dat mit Merkmalswerten der Spalte 15 im Bereich von 0,15-0,25 in das Array tmp kopiert und an das Array dat(0,15-0,25), welches bereits die Kopfzeile mit den Parameternummern enthält, angehangen. Gleiches wird in den darauf folgenden Zeilen 25 und 26 für das

Array dat(0,75-0,8) durchgeführt, allerdings unter Berücksichtigung des Wertebereiches 0,75–0,8 in Spalte 15 des Arrays dat. Anschließend erfolgt in Zeile 27 das Löschen des Arrays tmp, in Zeile 30 die Transformation der Arrays, um die Merkmalswerte in der ersten Spalte abzulegen und in Zeile 33 schließlich die Ausgabe der Grafik mit den Merkmalswerten aller drei Parametergruppen. Die mit dem Makro 5.3 erzeugte grafische Darstellung entspricht der Abb. 2.12. Nach Abarbeitung des Makros 5.3 kann mit dem Kommando list eine Übersicht über die im Programmspeicher von d a t l i b vorhandenen Arrays eingesehen werden.

Makro 5.3 Parameterspuren, Vergleich der Merkmalswerte von Zeilengruppen.

```
# (c) Frank Wirbeleit, 2013
# Makro zur Haeufigkeitsanalyse
#
# Umgebungsvariablen setzen
env DATA PlotData.dat
env OUT  PlotDataTracesOut.txt
#
# Entfernen evtl. vorangegangener Ausgaben
del *
! del $OUT
#
# Daten einlesen
read $DATA dat
#
# array spaltenweise normieren ohne 1. Zeile
norm dat /C /NR:1
#
# Herausfiltern von Proben (Zeilengruppen)
copy dat datSelect1
del dat(0.15-0.25) /R:2-
copy dat(0.15-0.25) dat(0.75-0.8)
#
copy dat tmp /x:0.15-0.25 /C:15
copy tmp dat(0.15-0.25) /A
copy dat tmp /x:0.75-0.8 /C:15
copy tmp dat(0.75-0.8) /A
del tmp
#
# Transformation der Ausgangsdaten
trans *
#
# Darstellung der Parametergruppen
plot * /N
```

Makro 5.4 Radarplot, zielgrößenorientierte Darstellung.

```
# (c) Frank Wirbeleit, 2013
# Makro zur Haeufigkeitsanalyse
#
# Umgebungsvariablen setzen
env DATA PlotData.dat
# Entfernen evtl. vorangegangener Ausgaben
del *
# Daten einlesen
read $DATA dat
# RADAR plot
plot dat /c /R
```

Radarplot

Ein Radarplot, wie in Abb. 2.13 gezeigt, kann mit dem Programm d a t l i b durch die Angabe der Option /R zum Befehl `plot` aus nahezu jedem Datensatz erzeugt werden. Sinnvoll ist diese Darstellung vor allem, wenn die Lage der Werte von mehreren Merkmalen, bezogen auf je eine Referenzgröße oder -Intervall, dargestellt werden soll. Im Makro 5.4 werden die Spalten eines Datensatzes in Form eines Radar-Plots durch das Kommando `plot dat` mit dem Argument /R dargestellt, wobei das weitere Argument /c bewirkt, dass alle Grafen in verschiedenen Farben erscheinen.

Kurvenschaaren

Die Darstellung von verschiedenen Grafen innerhalb einer Abbildung ist das zentrale Anliegen des Kommandos `plot`. Dabei soll es einerseits möglich sein, schnell und einfach viele Datenreihen übersichtlich darstellen zu können. Andererseits sollen durch die Hinzunahme nur weniger Argumente wesentliche Eigenschaften grafisch verdeutlicht werden. Das Makro 5.5 zeigt verschiedene Möglichkeiten der Darstellung von Werten mit dem Kommando `plot`. Dazu wird erwartet, dass die Ausgangsdaten bereits in Spalten angeordnet sind und die erste Spalte die Werte der Ordinate (x-Achse) enthält. Alle weiteren Spalten werden auf die gleiche x-Achse bezogen, aber als einzelner Graph dargestellt. Wie es bereits an anderer Stelle gezeigt wurde, sind die Kommandos des Makro 5.5 eben so gut auf mehrere Arrays gleichzeitig anwendbar. Hinsichtlich der grafischen Darstellungen, welche mit Hilfe des Makros 5.5 erzeugt werden, sei auf die Abbildungen im Abschnitt 2.4.4 verwiesen.

5.2.2.2 Statistische Analysen

Häufigkeitsanalyse

Die Untersuchung und der Vergleich der Häufigkeiten von Werten verschiedener Merkmale ist ein wichtiger Punkt bei der Datenanalyse, um Hinweise zum Verhalten eines Prozesses und über etwaige Ausreißerwerte zu erhalten. Die Funktionen zur Aufbereitung von Werten für eine evtl. grafische Darstellung der Häufigkeiten mit Hilfe des Programms d a t l i b zeigt daher das Makro 5.6. Um einen besseren grafischen Vergleich

---

Makro 5.5 Grafische Darstellung von Datenreihen in verschiedenen zweidimensionalen Anordnungen. Das Argument /N bewirkt, dass jeweils ein weiteres Grafikfenster geöffnet wird.

```
# (c) Frank Wirbeleit, 2013
# Makro zur Darstellung von Datenreihen
#
read r-plot.txt r      # einlesen der Daten
plot r                 # Anzeige, 1 Spalte = x
plot r /c /N           # alle Grafen farbig
plot r /c /o:10 /N     # 10 pixel Abstand
plot r /c /o:10 /h /N # /h .. "hidden lines"
```

---

der Häufigkeiten der Merkmale zu ermöglichen, erfolgt in Zeile 16 dieses Makros 5.6 eine spaltenweise Normierung der Werte, für jedes Merkmal einzeln auf den Wertebereich -1 bis $+1$ durch die Angaben /C und /Mode:2. Somit können die Werte in einem gemeinsamen Achsenabschnitt auf der x-Achse dargestellt werden. Die eigentliche Ermittlung der Häufigkeiten erfolgt in diesem Makro mit dem Kommando inf, gefolgt von dem Namen des Arrays mit den Ausgangsdaten und dem Argument /K. Das ebenfalls mit diesem Kommando verwendete Argument /nZ bewirkt, dass der Wert „0" bei der Auswertung der Häufigkeiten im Datensatz nicht beachtet wird, da es sich hierbei um fehlende Werte handelt. Durch das weitere Argument /A:datK in Zeile 18 des Makros 5.6 werden die Häufigkeitsergebnisse je Spalte des normierten Datensatzes in ein Array, beginnend mit der Bezeichnung „datk" und gefolgt von der jeweiligen Spaltennummer, im Speicher des Programmes d a t l i b abgelegt. Die so erzeugten Arrays „datk*" enthalten die folgenden Werte je Spalte:

Spalte	Wert
1	Intervall-Untergrenze
2	Intervall-Obergrenze
3	Intervallmitte
4	absolute Häufigkeit
5	absolute Verteilung
6	relative Häufigkeit
7	relative Verteilung

Für den späteren grafischen Vergleich der Häufigkeiten im Makro 5.6 mit Hilfe des Kommandos plot, werden vorher die Intervallmitten und absoluten Häufigkeiten bzw. die Spalte der empirischen Verteilung durch Löschen der übrigen Spalten der Arrays „hist*" bzw. „cum*" ausgewählt. Damit die ermittelte empirische Verteilung der y-Werte in den Arrays „cum*" besser mit dem Modell der statistischen Normalverteilung verglichen werden kann, erfolgt im Makro 5.6 mit Hilfe des Kommandos op invnorm cum-datK(col=..)[][2] die Transformation der 2. Spalte der Arrays auf die inverse Normalverteilung. In der entsprechenden späteren grafischen Darstellung dieser Werte

Makro 5.6 Häufigkeitsanalyse von Merkmalen und grafische Darstellung.

```
# (c) Frank Wirbeleit, 2013
# Makro zur Haeufigkeitsanalyse
#
# Umgebungsvariablen setzen
env DATA PlotData.dat
env OUT  PlotDataHistogramm.txt
#
# Daten einlesen
read $DATA dat
# Kopfzeile Datensatz dat entfernen
del dat /R:1
# Merkmale 1-17 entfernen
del dat /C:1-17
#
# Normierung der Spalten auf -1..1 (Mode:2)
norm dat /C /Mode:2
# Histogramm Berechnen und Abspeichern
inf dat /K /nZ /A:datK > $OUT
#
# Auswahl Haeufigkeitswerte fuer Grafik
# Spalte 3 Intervallmitten
# Spalte 4 absolute Haeufigkeiten
# Spalte 7 nrom. kumulative Haeufigkeit
copy datK* hist-*
copy datK* cum-*
# Auswahl Haeufigkeit
del hist-* /C:5-7
del hist-* /C:1-2
# Auswahl norm. kumulative Haeufigkeit
del cum-* /C:4-6
del cum-* /C:1-2
# Trans. y-Werte Inverse Normalverteilung
op invnorm cum-datK(col=1)[][2]
op invnorm cum-datK(col=2)[][2]
op invnorm cum-datK(col=3)[][2]
op invnorm cum-datK(col=4)[][2]
# Grafik der
plot hist* /pb:12 /N
plot cum* /pq:8 /pl /N
```

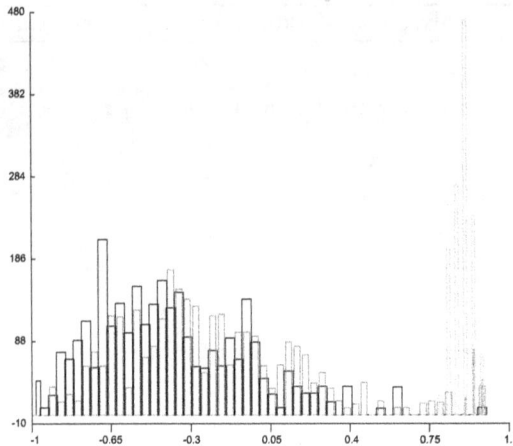

Abb. 5.1: *Vergleich der absoluten Häufigkeitsverteilungen von 4 Merkmalen, welche für diesen Vergleich je Merkmal einzeln auf den Bereich −1 bis +1 normiert wurden (siehe Makro 5.6, Kommando plot hist*). Für die grafische Überlagerung der Häufigkeitsverteilungen wurden die Balken je Merkmal unterschiedlich weit eingestellt. Dazu wurde die Dialogbox des Untermenüs* Plot Style Settings *und die Breiten 12, 8, 4 und 1 pt (pixel) verwendet.*

in Abb. 5.2 gibt die y-Achse daher die Abweichung in Vielfachen der Standardabweichung vom Mittelwert wieder.

Durch das Makro 5.6 wurden die in Abb. 5.1 dargestellten Häufigkeitsverteilungen von 4 Merkmalen ermittelt.

Korrelationsanalyse

Für die Korrelationsanalyse mit dem Programm d a t l i b steht das Kommando corr A [B] [/A:array] [/Q] [/nZ] zur Verfügung. Wird dem Kommando corr der Name eines Arrays A übergeben, erfolgt die Berechnung der Korrelationskoeffizienten aller Spalten untereinander in einer Korrelationsmatrix. Aufgrund der Invarianz des Korrelationskoeffizienten gegen Spaltenvertauschung ist diese Korrelationsmatrix symmetrisch und es erfolgt nur die Ausgabe der Diagonal- und oberen Diagonalelemente, gemeinsam mit einer laufenden Nummer der jeweiligen Spalten. Bspw. bewirkt der Aufruf des Kommandos corr A für ein gegebenes Array mit 4 Spalten die folgende Bildschirmausgabe:

```
: corr A
array A is applied:
Correlation Matrix:
000 | 001    002    003    004
---------------------------
001 |+1.00 -0.62 +1.00 +0.29
002 |      +1.00 -0.62 +0.52
003 |             +1.00 +0.29
004 |                   +1.00
```

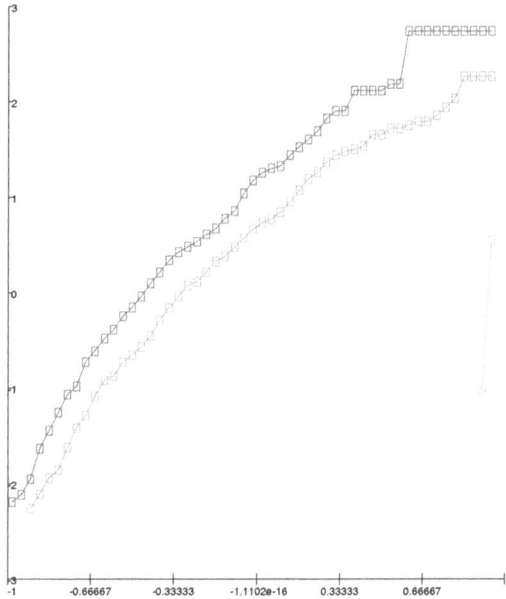

Abb. 5.2: *Der Vergleich der empirischen Verteilung der 4 Merkmale im Datensatz aus dem Makro 5.6 (Kommando plot cum*) erfolgt der besseren Übersicht wegen innerhalb der Grenzen von ± dem Dreifachen der Standardabweichung der statistischen Normalverteilung. Der Zoom auf diesen Bereich in der grafischen Ausgabe erfolgt mit Hilfe der Maus oder dem Untermenü* `Range of Plotdata`*.*

Werden dem Kommando `corr` zwei Arraynamen übergeben (z. B. A und B), erfolgt neben der Berechnung der Korrelationskoeffizienten innerhalb dieser Arrays auch die Berechnung für die Arrays untereinander. Folgende Bildschirmausgabe ergibt sich für zwei Arrays A und B mit 4 bzw. 2 Spalten:

```
: corr A B
array A and array B are applied:
Correlation Matrix:
000 | 001    002    003    004    001    002
----------------------------------------
001 |+1.00 -0.62 +1.00 +0.29 +1.00 -0.41
002 |      +1.00 -0.62 +0.52 -0.62 +0.18
003 |            +1.00 +0.29 +1.00 -0.41
004 |                  +1.00 +0.29 -0.39
001 |                        +1.00 -0.17
002 |                              +1.00
```

Bei der Ausgabe der Korrelationsmatrix für zwei Arrays werden die Spalten jedes Array getrennt fortlaufend nummeriert. Zwischen den Zeilen der Korrelationsmatrix in diesem Beispiel mit den Nummern 1-4, welche zum Array A gehören und den letzten beiden Spalten mit den Nummern 1 und 2 von B können so die Werte der Korrelationen zwischen den Arrays abgelesen werden.

Bei Arrays mit sehr vielen Zeilen und Spalten empfiehlt es sich jedoch, die Bildschirmausgabe durch das zusätzliche Argument `corr A /Q /A:Acorr` zu unterdrücken und dafür das Argument `/A:` gemeinsam mit einem Namen für das Abspeichern der Korrelationsmatrix in einem Array anzugeben, z.B. Array „Acorr".

Je nach der Art der Ausgangswerte in den Arrays A bzw. B. kann es vorkommen, dass Werte gleich Null keine realen Größen darstellen, sondern nur das Fehlen eines Wertes anzeigen. Aus diesem Grunde kann für das Kommando `corr` das Argument `/nZ` angegeben werden. Damit ist sicher gestellt, dass für die Berechnung des Korrelationskoeffizienten nur Wertepaare berücksichtigt werden, deren Koordinaten beide ungleich Null sind. Die Anzahl der berücksichtigten Werte wird für die Berechnung entsprechend reduziert.

Varianzanalyse

Es gibt hinsichtlich des Umfanges und der Darstellung einer Varianzanalyse sehr vielfältige Möglichkeiten. Das Kommando `var` des Programms d a t l i b führt eine minimale Varianzanalyse durch, welche sich vor allem an der Taguchi-Versuchsmethodik orientiert und der Weiterverarbeitung der Ergebnisse zur grafischen Darstellung mit einer Standard-Office Software dient. Ein wesentlicher Bestandteil dieser Analyse ist die Berechnung der Stufen der Einstellgrößen, der zugehörigen Effekte und „contribution ratios" mit Blick auf die Versuchsergebnisse. Das Kommando `var` hat die folgenden Argumente:

`var EG ZG [/O:Outputfile] [/Skal]`

Die ersten beiden Arrays des Kommandos `var` (EG und ZG) enthalten die Werte des Versuchsplans (Array EG) und die erzielten Versuchsergebnisse (Array ZG). Dabei spielt die Reihenfolge der Versuche (Zeilen) keine Rolle und es können Versuche wiederholt in den Arrays auftreten, wenn bei der Versuchsdurchführung diese mehrfach ausgeführt worden sind. Die Einstellgrößen des Versuchsplans können entweder durch Angabe der Stufe, z.B. -1,0,+1 ; 1,2,3, oder der tatsächlichen Werte, z.B. 100, 115, 130 .., angegeben werden. Letzteres ist zu empfehlen, wenn die Ausgabe des Kommandos `var` möglichst ohne viel Aufwand für eine grafische Ausgabe der Darstellung der Effekte weiter verwendet werden soll, wie es z.B. in Abb. 4.2 zu sehen ist. Da die Bildschirmausgaben des Kommandos `var` im allgemeinen sehr umfangreich sind, empfiehlt es sich, diese in einer Textdatei mit dem Kommando `>` umzuleiten und anschließend über einen Editor zu betrachten. Das Makro 5.7 entspricht diesem Vorgehen:

Makro 5.7 Ausführung der Varianzanalyse und Anzeige der Ergebnisse mit Hilfe eines Standardeditors wie z. B. „notepad". Eine Übersicht zu der so erzielten Ausgabe gibt Tab. 5.1.

```
# (c) Frank Wirbeleit, 2013
# Makro zur Regression
#
var A B > var.txt # Umleitung in Textdatei
! notepad var.txt # Betrachten mit Texteditor
```

Die so in eine Textdatei umgeleitete Ausgabe des Kommandos var hat unter Verwendung der Daten aus Tab. 4.4 das Aussehen wie es Tab. 5.1 zeigt.

Dabei haben die Spalten in der Ausgabe des Kommandos var und am Beispiel der Daten des Versuchsplans in Tab. 4.4 die folgende Bedeutung (siehe Tab. 5.1):

Spalten 1–3 Vorgefundene Stufen der 3 Einstellgrößen

4–6 normierte Stufen der Einstellgrößen für eine gemeinsame grafische Darstellung der Effekte entsprechend Abb. 4.2.

7–9 Effekte der Einstellgrößen auf die Versuchsergebnisse in der jeweiligen Stufe

10–12 Standardabweichungen der Versuchsergebnisse auf der jeweiligen Stufe der Einstellgrößen.

Zur gleichen Einstellgröße gehören jeweils die Werte in den Spalten:

Einstellgröße 1: Spalte 1, 4, 7, 10

Einstellgröße 2: Spalte 2, 5, 8, 11 sowie

Einstellgröße 3: Spalte 3, 6, 9, 12

Ab Zeile 5 der Bildschirmausgabe werden die Summen der quadratischen Abweichungen innerhalb der Stufen der Einstellgrößen „SQ(level)" und zwischen den Stufen „SQ(effect)" angegeben, woraus schließlich der Beitrag jeder Einstellgröße zur Variation der Versuchsergebnisse als „contrib" („contribution ratio") und der Anteil der nicht erklärten Variation der Versuchsergebnisse als „error" abgeleitet wird.

Über das Argument /O:Outputfile kann die Ausgabe der Funktion var direkt in eine Textdatei geschrieben werden, ohne dass auf die Bildschirmausgabe, bedingt durch die besprochene Umleitung mit dem Kommando >, verzichtet werden muss. Durch das Argument /Skal können sowohl die Werte der Einstellgrößen als auch der Versuchsergebnisse jeweils auf den Bereich 0 bis 1 vor der Durchführung der Analyse skaliert werden. Diese Skalierung ist nur in Sonderfällen sinnvoll und dient vor allem der Vergleichbarkeit, wenn die Auswertung mehrerer Versuchspläne in einem späteren Schritt zusammen geführt werden soll. Durch diese Skalierung werden die Stufen und Effekte, jedoch nicht die Ergebnisse der Varianzanalyse hinsichtlich der quadratischen Abweichungen, contribution ratios und des error-Anteils beeinflusst.

Tab. 5.1: *Bildschirmausgabe der Varianzanalyse entsprechend Makro.*

(1) Levels	(2)	(3)	(4) (norm. x)	(5)	(6)	(7) Effects	(8)	(9)	(10) Stdev.	(11)	(12)
18	89,1	330	0,95	1	1,05	19,3789	20,0495	19,5065	0,606748	0,239087	0,570838
19	90,1	340	1,95	2	2,05	19,4325	19,4243	19,563	0,492368	0,260378	0,630854
20	91,1	350	2,95	3	3,05	19,611	18,9487	19,3529	0,527566	0,260402	0,414869
					SQ(level).	4,44447	0,963841	4,47974			
					SQ(effect)	0,177093	3,65773	0,141824			
					contrib...	3,83 %	79,1 %	3,07 %			
					error.....	14 %	14 %	14 %			

Variance analysis on result 1 of array zg performed.

5.2.2.3 Mathematische Modellierung

Ausgleichsfunktion

Die mathematische Vorgehensweise zur Berechnung einer multidimensionalen Ausgleichsfunktion mittels einer gewichteten Exponentialreihe wurde bereits im Abschnitt 2.4.6 vorgestellt. Die Berechnung von Ausgleichswerten nach diesem Verfahren erfolgt im Programm d a t l i b mit dem Kommando **sm** und der Angabe eines Array, welches die Ausgangsdaten enthält, wie es das Makro 5.8 zeigt. Dabei kann mit den Argumenten [/Y:] die jeweilige Spalte der y-Werte in diesem Array ausgewählt werden, alle anderen Spalten des Array der Ausgangswerte werden dann als $\underline{X}$- Koordinaten ($\underline{X} = [x_1, x_2, \ldots]$) für die Berechnung der mehrdimensionalen Ausgleichsfunktion berücksichtigt. Wird das Argument [/Y:] nicht verwendet, wird die letzte Spalte des Array für die y-Werte benutzt. Die Angabe eines weiteren Namens für ein Array bewirkt die Ausgabe der x- und y-Werte der Ausgleichsfunktion in ein separates Array, wie es Makro 5.8 zeigt.

Makro 5.8 Ausgleichsgrafen der Werte im Datenfile a.txt mit verschiedenen Wichtungsfaktoren.

```
# (c) Frank Wirbeleit, 2013
# Makro zur Regression
#
read fitdat.txt dat
sm dat dat_0 /P:0 /N:50
sm dat dat_1 /P:1 /N:50
sm dat dat_3 /P:3 /N:50
sm dat dat_6 /P:6 /N:50
sm dat dat_10 /P:10 /N:50
sm dat dat_30 /P:30 /N:50
plot *
```

Über das Argument /P:nP kann die Empfindlichkeit der Ausgleichsfunktion eingestellt werden. Größere Werte dieses Argumentes bewirken eine genauere Anpassung an die Ausgangswerte, können jedoch auch eine treppenstufenförmige Ausgleichsfunktion bewirken, welche Zwischenwerte nicht wiederzugeben vermag. Generell hängt die Wahl des Ausgleichsparameters nP von den ausgewählten Daten und dem gewünschten Aussehen des Ausgleichsgrafen ab. Daher kann keine Empfehlung hinsichtlich dieses Wertes ausgesprochen werden. Über das Argument /N:nN wird die Anzahl der Stützwerte der Ausgleichsfunktion vorgegeben. Fehlt diese Angabe, werden die Stützwerte genau an den Stellen der Ausgangswerte berechnet, was für die Berechnung von „missing values" im Abschnitt 4.2.3 angewendet wurde.

Einfache Regression

Im einfachsten Fall einer Regressionsanalyse wird eine Ausgleichsgerade für eine Gruppe von xy-Wertepaaren mit dem Befehl **regpoly** berechnet, indem als Argument mindestens der Name eines Array übergeben wird: **regpoly A** [/Cx:] [/Cy:]. Werden die

Argumente [/Cx:] bzw. [/Cy:] nicht verwendet, wird die erste Spalte des Array A
für die x-Werte und die zweite Spalte als y-Werte für die Regression benutzt. Es ist
jedoch möglich, mit Hilfe der Argumente [/Cx:] bzw. [/Cy:] andere Spalten hierfür
auszuwählen. Über das Argument /P:n kann anstelle der linearen Regression (n=1) eine
höhere Potenz der Regressionsfunktion ausgewählt werden (n=2: quadratisch, n=3: ku-
bisch, usw.). Nach der Berechnung gibt die Funktion regpoly die Werte der ermittelten
Regressionsfunktion auf dem Bildschirm aus. Wahlweise können die Ausgangs- und die
berechneten Werte der Regressionsfunktion in ein Array, z. B. mit dem Namen „areg",
durch das Argument /A:areg abgespeichert werden. Im Makro 5.9 wird die Anwendung
der vorgestellten Argumente gezeigt:

Makro 5.9 Regression der Werte im Datenfile a.txt mit einem Polynom 3. Grades.

```
# (c) Frank Wirbeleit, 2013
# Makro zur Regression
#
# Einlesen der Daten aus File a.txt
read a.txt a
# Regression Array a
#    1. Spalte = x-Werte
#    2. Spalte = y-Werte
regpoly a /P:3 /A:areg
# Ausgabe der Werte
list areg # als Tabelle
plot areg # als Grafik
```

Nach Abarbeitung des Makro 5.9 ergeben sich folgende Werte:

```
: regp a /P:3 /A:areg
  Regression applied on array a, {x:=col. 1; y:= col. 2},
  Polynominal Coefficients :
  r x^ 0 x^ 1 x^ 2 x^ 3 avrg x avrg y
  +0.96077 -1.14285714 +2.28571429
  -0.28571429 +0.00000000 +4.00000000 +2.28571429
  local regression, approximation data saved in 1 array(s)
: list areg
areg :
+1.000e+00 +1.000e+00 +8.571e-01
+2.000e+00 +2.000e+00 +2.286e+00
+3.000e+00 +3.000e+00 +3.143e+00
+4.000e+00 +4.000e+00 +3.429e+00
+5.000e+00 +3.000e+00 +3.143e+00
+6.000e+00 +2.000e+00 +2.286e+00
+7.000e+00 +1.000e+00 +8.571e-01
```

Wie im Makro 5.9 gezeigt, kann das Array areg anschließend über das Kommando plot
areg grafisch dargestellt werden.

Multiple Regression

Mit der Funktion `regpoly` können auch lokale Regressionen berechnet werden, wie es
bereits im Abschnitt 4.3.2 vorgestellt wurde und wie es im Makro 5.10 dargestellt ist.
Die Anzahl der Zeilen bzw. Spalten der xy-Wertepaare, welche für die lokale Regression
jeweils berücksichtigt werden, wird durch die Argumente /bR:nrow bzw. /bC:ncol des
Kommandos `plot` festgelegt. Die Ergebnisse der multiplen Regression können durch das
Argument /O:res z. B. in das Array „res" abgespeichert werden. Dazu ist es erforderlich, dass mit Hilfe des Argumentes /F: festgelegt wurde, welche Ergebnisse ausgegeben werden sollen. Bspw. legt das Argument /F:dp fest, dass in der ersten Spalte der
Korrelationskoeffizient und in den darauf folgenden Spalten die Koeffizienten der lokalen Regressionsfunktion abgespeichert werden. Wird das Argument /F ohne Auswahl
übergeben, erfolgt die Ausgabe einer Hilfestellung zu den verfügbaren Werten dieses

---

Makro 5.10 Lokale Regression der Werte im Datenfile „LokalRegression.dat" mit Regressionsgeraden und der anschließenden grafischen Darstellung der lokalen Koeffizienten auf jeweils 50 Zeilen das Datensatzes bezogen.

```
# (c) Frank Wirbeleit, 2013
# Makro zur Regression
#
# Umgebungsvariablen
# Ausgangsdaten
env Data LokalRegression.dat
#
# Zeilen pro lokaler Regression
env Rows 50
# Einlesen der Daten aus File
read $Data d
#
# Regression Array a
regp d /bR:$Rows /O:res /F:xdp /A:d-lokal
plot d-lokal* # Ansicht Ergebnisse
#
# Aufbereitung der Ergebnisse zum Plotten
copy d-lokal d-lokal-reg
copy d-lokal d-lokal-n
copy d-lokal d-lokal-m
del  d-lokal-reg /C:3-
del  d-lokal-n /C:4-
del  d-lokal-n /C:2
del  d-lokal-m /C:5-
del  d-lokal-m /C:2-3
plot d-lokal-reg /N /T:"Lokale Korr.-Koeff."
plot d-lokal-n /N /T:"Lokale Konst. n (y=mx+n)"
plot d-lokal-m /N /T:"Lokaler Anst. m (y=mx+n)"
```

Arguments ohne dass eine Berechnung erfolgt. Zusätzlich werden im Makro 5.10 die
Ausgangswerte und die Werte der lokalen Regression in Arrays beginnend mit dem Namen „d-lokal" und gefolgt von einer fortlaufenden Nummer abgespeichert. Diese Arrays
können nachfolgend mit dem Kommando `plot` in einer grafischen Darstellung betrachtet werden, wie es Makro 5.10 zeigt. Da im Makro 5.10 mit der Option `/F:xdp` der
mittlere x-Wert sowie der Korrelationskoeffizient und die Koeffizienten der linearen
Regressionsfunktion je lokalem Regressionsschritt abgespeichert wurden, können diese
ebenfalls grafisch dargestellt werden, wie es am Ende des Makros 5.10 gezeigt ist (vergl.
Abb. 4.7).

Gleichungssysteme und Simplex-Ansatz

Es ist das wesentliche Merkmal der Lösung eines Gleichungssystems $\underline{A} \times \underline{X} = \underline{B}$ unter Verwendung des Simplex-Ansatzes entsprechend Abschnitt 4.4.1, dass unabhängig
von der Gesamtanzahl der Gleichungen (Zeilen von $\underline{A}$ und $\underline{B}$) nur so viele Gleichungen
berücksichtigt werden, wie es ein eindeutig bestimmtes Gleichungssystem entsprechend
der Anzahl der Spalten von A erfordert. Alle übrigen Gleichungen (Zeilen von $\underline{A}$ und $\underline{B}$)
werden jedoch bei jedem Iterationsschritt des Gaußschen Verfahrens mit transformiert,
so dass eine entsprechende Lösungsvielfalt am Ende der Gaußschen-Transformationen
entsteht, welche in der Matrix $\underline{X}$ des Gleichungssystems abgespeichert wird. Das Kommando für den Aufruf dieses Verfahrens lautet `SimplA` und hat die folgenden Argumente
`A B [X] [/A:array] [/Q] [/log]`. Die Argumente A und B bestimmen die Namen
der Arrays, welche z. B. das Gleichungssystem der Randbedingungen enthalten, wobei
das Array A die Koeffizienten und B die Werte der Randbedingungen enthält. Sollen
die Werte im Array B vor der Berechnung logarithmiert und die Werte der Lösung im
Array X nach der Berechnung entsprechend zurück transformiert werden, wie es für
die Anwendung des Simplex-Ansatzes auf statistische Modelle der linearen Regression
erforderlich ist, wird das Argument `/log` gebraucht. Mit dem Argument `/Q` kann der
Umfang der Bildschirmausgabe reduziert werden, wodurch vor allem bei größeren Gleichungssystemen die Übersichtlichkeit auf dem Bildschirm erhalten bleibt. Wird anstelle
des Argumentes X kein Arrayname für das Abspeichern der Lösungen bestimmt, erfolgt
die Generation dieses Namens aus den Arraynamen der Arrays A und B. Folgende
Daten werden für das nachfolgende Beispiel verwendet:

A:			B:
1	1	0	10
1	0	1	10
1	0	0	3
0	1	0	4
0	0	1	5

Der Aufruf der folgenden Kommandozeile mit den aufgeführten Werten für die Arrays A
und B führt zu folgender Bildschirmausgabe (vergl. Beispiel von Gl. 4.38). Die Bewertung der einzelnen Lösungen erfolgt dabei nicht, da aus praktischer Sicht ein Überblick
über alle möglichen Lösungen durchaus wichtig ist und so evtl. Rückschlüsse auf die
eingangs gestellten Randbedingungen möglich sind:

```
Simp1A A B /log
  Gaußian transformation done, array AxB saved
  2 boundary solutions found:
  x1 3        2.5
  x2 3.33333 4
  x3 3.33333 4
```

Überbestimmte Gleichungssysteme

Mit dem Kommando **solve** können lineare Gleichungssysteme gelöst werden, wie es häufig für die Berechnung linearer und quasilinearer statistischer Modelle erforderlich ist (siehe Abschnitt 4.3.5). Die Berechnung der Lösungsmatrix $\underline{X}$ des Gleichungssystems in Matrixschreibweise $\underline{A} \times \underline{X} = \underline{B}$ erfolgt mit Hilfe des Housholder-QR-Verfahrens und ermöglicht es, die Näherungslösung für nahezu beliebig überbestimmte Gleichungssysteme zu ermitteln. Dabei enthält die Matrix $\underline{A}$ typischer Weise die x-Werte des statistischen Modells und der Vektor $\underline{B}$ die dazugehörigen Werte eines Merkmals. Im Ergebnis der Berechnung enthält der Vektor $\underline{X}$ die Koeffizienten des statistischen Modells. Das Kommando **solve** hat die folgenden Argumente:

A B [X] [[/P:precision] [/stat]]

Ist das Argument X nicht angegeben, wird der Name dieses Array aus den Namen der Arrays A und B erzeugt. Über das Argument /P kann die Anzahl der Stellen der berechneten Koeffizienten für deren Ausgabe auf dem Bildschirm kontrolliert werden, was insbesondere bei der Berechnung umfangreicher Modelle sinnvoll ist. Wird das Argument /stat angegeben, erfolgt die Ausgabe der lokalen Bestimmtheitsmaße zusammen mit den Koeffizienten des Modells, wie es ebenfalls im Abschnitt 4.3.5 beschrieben worden ist.

Personenverzeichnis

[I]GLIWENKO, WALERI IWANOWITSCH (*1897, †1940) war ein russischer Mathematiker, welcher als Professor in Moskau wirkte und auf dem Gebiet der Wahrscheinlichkeitstheorie und Logik tätig war.
CANTELLI, FRANCESCO (*1875, †1966) war ein italienischer Mathematiker, welcher sich unter anderem mit der statistischen Analyse von Daten und der Wahrscheinlichkeitsrechnung befasste.

[II]LINDBERG, KARL WALDEMAR (*1876, †1932), war ein finnischer Mathematiker, der in Helsinki geboren wurde und in seiner Heimatstadt als Professor wirkte. 1920 veröffentlichte er seine Arbeiten zum Zentralen Grenzwertsatz.

[III]SHEWHART, WALTER A. (*1891, †1967); Walter A. Shewhart war ein amerikanischer Physiker, Ingenieur und Statistiker. Er wird gelegentlich auch als der Vater des „statistical quality and process control" bezeichnet. Für seine Verdienste um die Statistik wurde nach ihm die „Shewhart Medal", eine jährlich vergebene sehr hohe Auszeichnung der „American Statistical Society", benannt. Seine Beiträge zur Verbesserung der Fertigungsqualität in der Firma „Western Electric Company" verbreiteten sich in nahezu alle Industriezweige. Die sogenannten Western-Electric-Regeln, gehen auf seine Arbeiten zurück und gehören heute zum SPC-Grundwissen.

[IV]WEIBULL,WALODDI (*1887, †1979); War ein schwedischer Ingenieur und Mathematiker. Er arbeitete auf dem Gebiet der Materialforschung und untersuchte u. a. Ermüdungsprozesse von Festkörpern.

[V]DIXON, WILFRID JOSEPH (*1915, †2008) war ein bedeutender amerikanischer Statistiker und bekannt für seine Arbeiten über verteilungsfreie Statistik, serielle Korrelation und Analyse unvollständiger Daten. Er hat u. a. auf dem Gebiet der Biostatistik gearbeitet. Er ist Autor des Buches „Introduction to Statistical Analysis" (1951), welches heute als eines der ersten Statistikbücher für Nicht-Mathematiker betrachtet wird (Dixon, W. J. and Massey, F. J.; Mc. Graw Hill Book Co., New York).

[VI]NALIMOV, VASILY VASILIEVICH (*1910, †1997) war ein russischer Mathematiker und Philosoph. Er wird als Begründer der Post-Nicht-Klassischen-Philosophischen Lehre angesehen. Der berühmte russische Statistiker Andrej N. Kolmogorov war ein Förderer Nalimovs und vermittelte ihm eine leitende Position in einem interdisziplinären statistischen Labor der Moskauer Universität.

[VII]GRUBBS, FRANK E.; Der Ausreißertest nach Grubbs ist in seiner Veröffentlichung „Procedures for Detecting Outlying Observations in Samples" in der Zeitschrift Technometrics, Band 11, Nr. 1 auf den Seiten 1–21 im Februar 1969 dargelegt worden und hat seither große Bekanntheit erlangt.

[VIII]GILDE, WERNER; (*1920, †1991); Prof. Werner Gilde war von 1953—1985 langjähriger Direktor des Zentralinstitut für Schweißtechnik ZIS in Halle/Saale (heute Deutschland). Er war von der Planbarkeit wissenschaftlicher Leistungen überzeugt und arbeitete an Methoden und Herangehensweisen dazu, wie sie heute als „Ideenkonferenz" und „Konzeptuelles Denken" bekannt sind. In seinen späteren Veröffentlichungen wie beispielsweise „Erfinden was noch niemals war" (1. Auflage. Urania-Verlag, Leipzig, Jena, Berlin 1972.) und „Wege zum Erfolg" (Mitteldeutscher Verlag, Halle und Leipzig 1985) verwendete er seine Erfahrungen auf diesen Gebieten.

[IX]PEARSON, KARL (*1857, †1936); Seine Beiträge zum Korrelationskoeffizienten und auf dem Gebiet der Prüfverteilungen machen den britischen Mathematiker und Psychologen Karl Pearson auf dem

Gebiet der Statistik populär, welcher auch auf den Gebieten der Philosophie, Sprach- und Rechtswissenschaft bewandert war. So arbeitete er unter anderem an der statistischen Erfassung und Bewertung biometrischer Merkmale und legte dabei die Grundlagen des χ^2-Tests. Er gründete 1911 die erste Statistische Fakultät am „University College of London".

[X]GOSSET, WILLIAM SEALY (*1876, †1937); Die Student-Verteilung wurde 1908 von William Sealy Gosset, einem englischen Statistiker, welcher unter dem Pseudonym „Student" publizierte, entwickelt. Gosset arbeitete in der „Arthur Guinness & Son"-Brauerei in Dublin an der Entwicklung von statistischen Prüfverfahren um festzustellen, ob sich die Merkmale zweier Stichproben unterscheiden, um so eine gleichbleibende hohe Qualität bei der Lieferung der Zutaten des Herstellungsprozesses zu überwachen. Aus Vorsicht, damit keine Braugeheimnisse an die Öffentlichkeit gelangen, war es den Mitarbeitern jedoch nicht erlaubt, Arbeitsergebnisse zu publizieren. Gosset wählte daher das Pseudonym „Student". Gosset und Pearson, die ein vertrautes Verhältnis pflegten, unterschieden sich bei der Wahl des Stichprobenumfanges in ihren statistischen Arbeiten, wobei Gosset auf kleinere Sichtprobenumfänge, ganz im Sinne seiner Tätigkeit in einer kleinen Brauerei, fokussierte.

[XI]WELCH B.L. Welch war wie Fisher an der „University of London" (England) tätig, und schlug 1947 in seinem Aufsatz „The generalization of Student's problem when several different population variances are involved" (Biometrika 34(1–2) 28–35) den hier vorgestellten Test vor, um Stichproben mit ungleichen Varianzen hinsichtlich der Abweichung ihrer Mittelwerte behandeln zu können, was auch als Behrens-Fisher-Problem in der Statistik bekannt ist.

[XII]FISHER, RONALD AYLMER (*1890, †1962); Der F-Test oder auch Fisher-Test geht auf einen der bekanntesten Statistiker unserer Zeit zurück. Fisher arbeitete auf den Gebieten der Biologie, Genetik und Evolutionstheorie und entwickelte unter anderem als Statistiker das Verfahren der Varianzanalyse und leistete wertvolle Beiträge zum Fachgebiet der statistischen Versuchsplanung.

[XIII]WALD, ABRAHAM; publizierte 1947 in „Sequential Analysis" (John Wiley & Sons, Inc. 1947, reprint by Dover edition, 2004, ISBN 0486-439127) die Ergebnisse seiner Arbeit aus der Zeit seit 1942 in den USA. Da seine statistischen Methoden zuerst Anwendung in der Rüstungsindustrie fanden, erfolgte eine allgemein zugängliche Publikation verspätet.

[XIV]SPEARMAN, CHARLES EDWARD (*1863, †1945); Der englische Psychologe Charles Edward Spearman arbeitete daran, grundlegende Gesetze der Psychologie aus seinen statistischen Untersuchungen abzuleiten und verfeinerte dazu insbesondere das Konzept des statistischen Korrelationskoeffizienten. Spearmans Arbeiten wurden stark von Francis Galton beeinflusst, welcher ebenfalls auf dem Gebiet der Psychologie arbeitete und das Konzept der statistischen Korrelation für die Interpretation seiner Ergebnisse entwickelte.

[XV]BENTLEY, JON LOUIS; Der amerikanische Wissenschaftler J. L. Bentley legte 1977 Grundzüge der Arbeit mit Entscheidungsbäumen in seinem Manuskript „Solutions to Klee's rectangle problems" dar, welches allerdings nicht veröffentlicht wurde (Manuscript Carnegie Mellon University of Pittsburgh, Department of Computer Science, Pennsylvania, USA). Er gilt als anerkannter Experte und verfügt auf dem Gebiet des Operations Research über zahlreiche Arbeiten und Anerkennungen.

[XVI]MONTGOMERY, DOUGLAS C.; Douglas C. Montgomery ist Professor für „Industrial Engineering and Statistics" und an der amerikanischen Arizona State University (ASU) Gründungsprofessor für „Engineering". Er bekam 1996 die Shewhart Medal für seine Beiträge zu Statistik verliehen. Seine weltweit wohl bekanntesten Werke sind „Design and Analysis of Experiments" und „Introduction to Statistical Quality Control".

[XVII]TAGUCHI, GEN'ICHI; Seine langjährige Industrieerfahrung als japanischer Ingenieur und Statistiker nutzte Gen'ichi Taguchi (*1924, †2012), um grundlegende Ansätze des Qualitätsdenkens und der statistischen Versuchsplanung neu zu bewerten. So führte er anstelle der in der statistischen Qualitätskontrolle üblichen Toleranzgrenzen die „Quality-Loss" Funktion ein, welche bereits kleine Abweichungen vom Zielwert innerhalb der Toleranzgrenzen als Verlust bewertet. Seine Arbeiten auf dem Gebiet der statistischen Versuchsplanung hatten das Ziel, die Planung und Auswertung von Versuchen transparenter und somit populärer zu machen. Für seine Verdienste auf dem Gebiet der Statistik wurde ihm 1995 die Shewhart Medal verliehen. An dieser Stelle sollen seine Werke „The System of Experimental Design" und „Linear Arrays and Linear Graphs" hervorgehoben werden.

[XVIII]GIVENS, JAMES WALLACE (*1910, †1993); Wallace war ein amerikanischer Mathematiker und Pionier der Numerischen Mathematik. Für seine frühen Arbeiten verwendete er den UNIVAC-Computer der New York University (USA), später arbeitete er am ORACLE-Computer der Oak Ridge National Laboratories (Tennessee, USA). Nach ihm wurde die Givens-Rotation benannt, mit welcher Objekte in einer Ebene um einen Drehwinkel orthogonal, d.h unter Erhaltung der Winkel und Abstände aller Punkte eines Objektes, transformiert werden können.

[XIX]GAUß, CARL FRIEDRICH (*1777, †1855); Der deutsche Mathematiker Carl Friedrich Gauß zählte bereits zu Lebzeiten zu den herausragenden Persönlichkeiten der Mathematik. Es ist u. a. überliefert, dass Gauß seinen genauen Geburtstag aufgrund der Angaben seiner Mutter selbst ermittelte und dabei die Gaußsche Wochentagsformel verwendete. Er entwickelte bereits mit 18 Jahren die „Methode der kleinsten Quadrate", welche 1800 die Wiederentdeckung des Asteroiden Ceres ermöglichte. Da Gauß zu Lebzeiten seine Forschungsergebnisse sehr zurückhaltend publizierte, wurden viele seiner Untersuchungen erst nach seinem Tode durch die Auswertung seiner Tagebuchaufzeichnungen bekannt. Zahlreiche mathematische Verfahren, Funktionen und Integralsätze tragen heute seinen Namen.

[XX]HOUSEHOLDER, ALSTON SCOTT (*1904, †1993); Householder war ein amerikanischer Mathematiker und Pionier auf dem Gebiet der Numerischen Mathematik. Er beschäftigte sich unter anderem mit der Lösung von Differentialgleichungen und Matrizen am Oak Ridge National Laboratory (Tennessee, USA). Mit seinen Arbeiten auf dem Gebiet der numerischen linearen Algebra trug er zur Verbesserung elektronischer Rechenmaschinen bei. Er war wesentlich an der Programmierung des Computers ORACLE (Fertigstellung 1953) für die Lösung von Eigenwertproblemen beteiligt.

[XXI]DANZIG, GEORGE (*1914, †2005), war ein amerikanischer Mathematiker. Er veröffentlichte 1947 das von ihm entwickelte Simplex-Verfahren und gilt als Begründer des Fachgebietes der Linearen Optimierung, ein Teilgebiet des Operations Research.

Index